心智对了，世界就对了

林一鸣　著

中国商业出版社

图书在版编目（CIP）数据

心智对了，世界就对了 / 林一鸣
著．—北京：中国商业出版社，2016．8
ISBN 978-7-5044-9553-2

Ⅰ．①心… Ⅱ．①林… Ⅲ．①幸福-通俗读物 Ⅳ．①B82-49

中国版本图书馆 CIP 数据核字（2016）第 202105 号

责任编辑：孙启泰

中国商业出版社出版发行
（100053　北京广安门内报国寺 1 号）
010-63180647　www.c-cbook.com
新华书店总店北京发行所经销
大厂回族自治县彩虹印刷有限公司
*
720×1000 毫米　1/16 开　11.5 印张　200 千字
2016 年 8 月底第 1 版　2016 年 8 月第 1 次印刷
定价：38.00 元
*　*　*　*
（如有印装质量问题可更换）

目　录 Contents

第一篇　为什么不幸福？

第二篇　真的有“幸福”吗？

第三篇　有关幸福的辨析

第四篇　幸福的心智，让一切顺理成章

第五篇　拥有幸福心智，感受幸福人生

序

接纳痛苦，与幸福相遇

前些天，在校园遇到一位年轻的心智课女教师，和我聊起了给大一新生上的第一堂课。按惯例她邀请学生用三个关键词介绍自己。有一位学生很可爱地说“王思聪”，大家乐了，还有的说“网红”，还有的说“恋爱”“闺蜜”“提升”“体验”……我听了很开心，虽然学生用词简单直接，却很真实，是来自心灵深处的声音。在这些声音中，我读到了青年人的梦想、奋斗、追逐、爱情，也唤醒了我的青年记忆。那时的我也一样敢闯敢拼、敢爱敢为，有对成功的渴望和追求名利的虚荣，凭着自己的满腔热情以及勤奋努力，在中国当时的大特区海南省，成为小有名气的“有为青年”“创富能手”，荣誉、掌声、赞叹、财富纷至沓来，好像成功快乐也不过如此。然而，命运好像要故意捉弄我，在 1997 年我遭遇了接连的失败打击，事业、财富、爱情一时间全部离我而去，人生从天堂跌入谷底，黑暗、愤懑、沮丧、痛苦与我为伴。某天醒来看着镜子里的自己，被吓到了，这是我吗？意气风发、神采飞扬的我去哪里

了？痛苦中挣扎的我开始思考：我该如何活下去？我到底要过怎样的人生？当财富、名誉不属于我时，我还可以快乐吗？到底是什么决定了我的人生幸福？

很庆幸，黑暗没有吞噬我，却给了我走向光明的动力和机会。老子的《道德经》、史蒂芬·柯维的《幸福人生的7个习惯》及神经语言程序学解开了我心中的痛点。当我不断地学习、探索和实践，一点点帮助自己站起来的时候，我发现痛苦给了自己新的觉知和领悟：接纳痛苦，和痛苦在一起，它让我找到内心的力量。可以左右我的不是外在的拥有和评判，而是我如何看待自己的经历，如何看待自己，如何重新塑造心灵的智慧。简单地说，就是如何释放心智的力量，与幸福相遇！

企业经营靠人才，人才培养重心智

千禧年始，心智模式的不断自我探索发现、实践成长，让我的生活更加阳光、美好，让我的事业更加富有创造性、高效性。同时，在国际企业十余年的经营管理中，我也看到很多有能力和勤奋苦干的年轻人却走向了失败和逐渐平庸，究其根本，更多是源于心智问题。企业发展需要发掘和培养人才，而人才关键要培养的是如何面对差异与趋同，如何面对公平和原则，如何面对风险与创新，如何面对冲突与合作等等。这些问题的背后，归根结底还是人的心智模式问题。

教育梦，让更多的人成就幸福

幸福是做自己想做的事，并帮助别人做他想做的事。我的父母一辈子奉献于中国的基础教育，也许是受他们的熏陶和影响，我的内心始终有个声音，就是想做一名教师，帮助更多的人更早地了解心智模式，我的唤醒和启发他们的内在力量。

不惑之年，有缘看到北京吉利学院（原北京吉利大学）“走进学校是为了更好地走向社会”这个特别的校训，竟与自己帮助更多的人成就自己幸福人生的愿望不谋而合，于是选择到北京吉利学院任教。在大学的这7年，尽管财富无增，却是我人生最为丰盛与幸福的时光。和一群同样对教育事业充满热忱，对传播幸福心智充满使命感的朋友相遇，大家一起研究这门学问，积极实践，相互支持，共同经历和陪伴，度过了工作和生活中大大小小的考验。忘不了彻夜的热烈讨论和课程打磨，忘不了一次次亲身体验的欢笑和泪水，更忘不了每一期学生的祝福和感恩。当以针对当代大学生的认知与行为发展特点，依据心理学、教育学原理而设计的《幸福课——小荷成长训练营》为品牌的素质教育课程被评为北京市教学成果奖时，我是激动和感恩的，心智课程不仅得到了学生的认可，也得到了领导、专家及教育同仁的认可。感激团队朋友们对这项事业的辛苦付出，而更为重要的是，看到更多的学生因学习《幸福课——小荷成长训练营》为代表的系列幸福课程而有意识地关注自我、思考和探索自我、改善不良习惯、释放积极能量，并从中收获幸福，这是我从事教育最大的满足和成就。

传播幸福心智，拥抱幸福人生

每个清晨醒来，当我又一次按下微信“幸福学院群”发送键时，一鸣幸福工作坊新一天的工作开始了。一群热爱并努力在心智训练、团队拓展训练、领导力训练、亲密关系训练、与人联结训练、国学及礼仪等系列幸福课研究和教学的伙伴们，迎着朝阳去完成其使命：“传播幸福心智模式，让更多的人持续幸福。”

借此机会感恩众多良师益友。衷心感谢吉利控股集团李书福董事长所倡导的奋斗者精神对我的激励和鼓舞，以及对教育研究的指导和支持；感谢一鸣幸福工作坊研发核心团队讲师武洪明、李琳、徐婧、杜莹、邬菲菲等对本书的认真研讨、修正、校对；感谢讲师王广青、郝征、谭波、龙云、蒋建、龚珍奇等的研发协助；感谢北软高科集团、厚大轩成教育公司、时代柯维教育公司的支持。

特别将此书献给我的母亲周菊仙老师！

最后，亲爱的朋友，我真诚地说，您静静地读，此刻就是幸福……

林一鸣

E－mail：lyxy1698@126. com

Weibo：林一鸣幸福课（SINA）

Wechat：林一鸣幸福课（BVRLIN）

绪言　从心智到幸福

幸福是什么：无论外面风雨多大，只要你与心同行，彩虹便在不远之处。有时候，蒙蔽的双眼是黑暗的，心灵却是明亮的，幸福在黑色里，观照幸福不靠眼睛，靠心灵。

绪言　从心智到幸福

人只要有健全的听觉，就能够听到音乐，但人仅有健全的听觉，却不一定能听懂音乐。所以有人说："对于没有音乐感的耳朵，最美的音乐也毫无意义。"古人也说"七弦为益友，两耳是知音。"

幸福也是这样。只要是人，就知道趋福避祸，但仅知道趋福避祸，却不一定知道趋福避祸之道。也就是说，当我们具备幸福的心智，才有能力享受到更多、更有质量的人生幸福。

所谓心智，是指人们对已知事物的沉淀和储存，通过生物反应而实现动因的一种能力总和。一个人的心智指的是他各项思维能力的总和，用以感受、观察、理解、判断、选择、记忆、想象、假设、推理，而后根据指导其行为。

不同的心智还会形成不同的心智模式。所谓心智模式是指深植于我们心中关于我们自己、别人、组织及周围世界每个层面的假设、形象和故事。并深受习惯思维、定势思维、已有知识的局限，我们通常不易察觉自己的心智模式，以及它对我们的行为的影响。

事实上，我们内在对苦、乐的体验，属于主观的心理与认知状态。研究认为，一个人一生的幸福与他的心智直接相关，同时人与人之间存在着心智的差异。

人生幸福之根本，就在于改善我们的心智模式。而改善心智模式的过程，从本质上说是把视角转向自己，试着看清楚自己的思考与行为如何形成，并尝试以"新视角"获得新的信

息，以新的方式对其进行解读、思考和决策。这就是我们所说的幸福心智修炼。

我们的心智状况对日常生活与身心健康的影响都非常大。如果一个人有平静与稳定的心情，一定会影响到他对其他人的态度与行为。也就是说，一个人保持心智状态的安静、清明与和平，外界的环境与状况很少能扰乱他。反之，如果一个人的精神状态是纷扰不安的，即使处于最安适的环境，最好的朋友们围绕着他，也很难使他平静或欢喜。这说明，我们的心理态度，是决定我们感受快乐幸福以至于身体健康的极重要的因素。

老子说："反者道之动，弱者道之用。"意思就是，让我们的目光从寻找外界的问题返回来寻找自己的问题，从汲汲于追逐无尽的物欲中返璞归真，使那些强盛的执著之心渐渐弱化下来，乃是回归我们先天本性的根本之路。

事实上，老子不仅告诉了我们返璞归真、寻求人生幸福的真谛，而且还预见了人们对于这个真谛的不同态度："上士闻道，勤而行之；中士闻道，若存若亡；下士闻道，大笑之。不笑不足以为道。"大意是说，有悟性的人听说"道"后深信不疑，而且没有一点疑惑，它就是这么回事，并且勤勤恳恳、坚持不懈的去习练它、运用它；悟性不高的人听说"道"则有时将它放在心上，有时却忘得无影无踪，并且相信它和怀疑他的存在各占一半，也就是半信半疑；完全没有悟性的人，一听说"道"就大笑不止，认为荒诞不稽。不过，如果不让完全没有悟性的人嘲笑，那就不是道了。那么，是做上士，还是做中士，抑或是做下士？那就都由我们自己说的算了。

第一篇

为什么不幸福？

幸福是什么：幸福是精神上互惠的影响远胜过物质的交易；幸福是能够时时拥抱娑婆世界的温情甜蜜。

毋庸置疑，现代文明给我们创造了非常丰富的物质生活；与此同时，现代文明也让我们面临着很多新的危机。

早在20世纪60年代，欧洲与美国的科学家，开始研究“人类的幸福指数”这一课题。自从有了比较可靠的科学数据以后，人类的幸福指数却一直都在下滑。

随着经济收入的成倍增长，离婚率、自杀率、犯罪率、抑郁症患者也在成倍增长。人与人之间的信任度也一直在下降。人与人之间的关系越来越冷漠。竞争、攀比、互不信任、互不沟通、勾心斗角、急功近利……导致了巨大的压力，也催生了抑郁症的高发率。据专家介绍，随着社会竞争的加剧，轻度的精神疾病，如抑郁症、孤独症、焦虑症等心理障碍病人将像感冒一样普遍。

因此可以说，物质方面虽然获得了空前的成功，发达程度超越了以往的任何一个时代，但心灵危机也是过去任何一个时代都无法比拟的。

针对这种情况，专家推荐了一个快乐的处方：每天要保持开心的心态。

我们都知道，如果每一天都能开开心心，当然不会去自杀，但怎么样才能每天都开心呢？面对激烈的竞争，巨大的生活压力，怎么保持愉悦的心态呢？不首先搞明白这些问题，我们恐怕仍然走不出不幸福的悖论与怪圈。

一、不幸福是因为金钱吗?

现在的人多数都很现实，认为有钱就幸福，没钱就不幸福。观点直截了当，例证举不胜举。古往今来的谚语也可信手拈来，诸如“有钱一条龙，无钱一条虫”“有钱筛酒杯杯满，无钱筛酒浅三分”“有钱到处是杭州，无钱杭州凉愀愀”“有钱能使鬼推磨，无钱鬼也不开门”“穷在闹市无人问，富在深山有远亲”之类，不免让人产生人穷志短、有钱任性的感慨。那么，究竟应该怎样来认识金钱与幸福的关系呢?

有关金钱与幸福的体悟

关于金钱与幸福的关系，社会上大致存在着两种比较典型的认识，一种认为金钱肯定能带来幸福，另一种认为金钱与幸福无关。

让我们分别来看看。

金钱肯定能带来幸福——这种观点认为，随着个人或者家庭财富水平的上升，生活满意度、价值感以及幸福感都会提升，对于生活的忧虑自然就会减少。金钱上的保障，可以让我们向不喜欢的工作说“不”，或是让我们不为账单而烦恼，经济上的自由会带来身心的放松，甚至也有了说买就买的自由和说走就走的洒脱。

有钱人对生活的享受，也是普通人望尘莫及的。在国外，每到度假旺季，像甲骨文公司首席执行官拉里·埃利森、AOL–时代华纳集团前副主席特德·特纳等，这些有着旺盛精力和梦想的企业家们，都会暂时抛开公司大大小小的事务，来到他们的帆船上，整天享受在无边际的大海上。更有“好事者”替世界首富比尔·盖茨计算如何挥霍他高达590多亿美元的天价财富，结论是：可以买31.57架航天飞机，或者344架波音747，拍摄268部《泰坦尼克号》，买15.6万部劳斯莱斯产的本特利大陆型豪华轿车……而比尔·盖茨最奢华之举，便是斥资1.13亿美元和近10年的时间和心血，在美国西雅图打造的“未来之家”——它前临烟波浩淼的华盛顿湖，背倚湖畔的一座山丘，犹如一座巍峨的堡垒要塞。里面划分了家庭、迎宾、勤务三大活动区域，其中有7间卧室、24套卫浴、6个厨房、1个穹顶图书馆、1个电影院、1个接待大厅和1个养殖人工湖。并且，这幢超级豪宅智能化程度之高，也创造了世界家居之最。

同时，有钱人对于世界政治、经济的影响也不容小觑，他们中的很多人不仅是各国政要的“座上宾”，甚至他们的一举一动都会对世界产生影响。正因为如此，有钱人成为了好多人的榜样和目标。

金钱与幸福无关——这种观点认为，世界的公平之处，就在于上苍把幸福的权利赐予了每个人，所有人的机会都是平等的，不会因为你是富人，你的幸福就会比穷人多，同样也不会因为你是穷人，你的幸福就会比富人少。我们看到，那些驾着上百万豪华轿车的夫妻，坐在驾驶室里时，面无表情；那些衣食无忧、家财万贯的家庭，为了金钱让亲情冰冷……倒是有那些蹬着三轮车的夫妻、那些寄居城市角落的打工者，有说有笑，把日子过得从从容容、快快乐乐。

某互联网集团大咖不但是一位名人，也是富人。他在接受媒体采访时曾用“有钱又有名的第一人”来形容自己。他认为，自己有钱而且是阳光财富，又受过良好的教育，处于新兴产业，是将互联网带进中国的第一人。但是，他却曾经一度陷入精神危机。他在接受媒体采访时披露：“我觉得我出问题了，我是真的什么都有，但是我居然这么痛苦。幸福跟钱的多少真的是没关系”，“以前我曾经认为，越有钱，越有名气，就越幸福。但是经过这两年的闭关，我认为钱多不是幸福的保证，钱多少跟幸福没关系。我这么有钱，却这么痛苦。越有钱、越成功，如果没有管理好自己，往往更容易让你陷入精神的痛苦。”

根据美国经济学家进行的一项有关中国居民幸福感与国民收入的新研究，中国居民的幸福感与财富增长不成比例。研究人员指出，在经历了长达30年的经济快速增长之后，中国居民的幸福感与20年前相比并没有大幅提高。也就是说，财富的增加并没有让中国人感到更幸福。研究报告中指出：“没有任何证据显示，中国居民的生活满意度随着人均消费额增长3倍而快速提高。”中国是世界上最大的发展中国家，同时也是经济增长速度最快的国家。研究指出，中国富有阶层的总体幸福感略高于以前，中等收入者的幸福指数基本没有发生变化，低收入者对生活的满意度则呈急剧下降趋势。

除了上述两种观点，还有一种观点很富有辩证法色彩，大家也经常挂在嘴上——钱不是万能的，没有钱是万万不能的。我们可以这样说，人生在世连生存都成了问题，那的确是一件非常悲哀的事情。俄罗斯作家陀思妥耶夫斯基说：“贫穷不是罪恶，赤贫就是罪恶了。”因为赤贫可以逼人犯罪。

我们所探讨的是通常意义上的有钱与没钱，而不是很极端的特例，可见幸福与金钱之间的关系实在是很微妙，并不能直接给出一个线性因果关系的答案。所以，也希望大家以一份平常心来对待这个问题。至于“没有钱是万万不能的”，如果说陷入一文不名的境地，我们当然同意这个论断，如果说只是钱少，我们就不能随便来赞同这个论断。

有钱也可以不任性

有着悠久而灿烂的五千年文明的中华民族一直被视为君子之国、礼仪之邦，中国人也一直被视为温文尔雅、含蓄低调。然而，不知从何时起，炫富却堂而皇之地走上了我们这个社会的前台，有人甚至说“这是一个炫富的时代”。比如，上海一

男子在博客里炫耀自己狂买名牌的奢侈生活，还用大叠百元人民币来点烟，他张贴照片炫耀自己的奢侈生活、毫不掩饰地鄙视穷人，引起广泛讨论；某女子大肆炫耀挎名包、开跑车的照片，引起网络一片喧嚣；某人用百十辆豪华车队迎接一只百万元级别的动物……男男女女的躁动不安，通过炫富秀出来的所谓幸福，真的就是幸福吗？

有的人认为，没钱的人出门只能坐经济舱，有钱人出门就能坐豪华舱。其实，有钱人也可以坐经济舱，很多名人和有钱人都做过亲身示范。我们看到，有钱可以解决经济困境，可以增加选择的自由度，而不是非坐豪华舱不可。那种“等我有钱，买豆浆，就一块儿买两碗，喝一碗，倒一碗”的暴发户行为，不仅可笑，而且可悲！

与炫富形成鲜明对比的，是巨富们的克俭。他们不仅告诉我们怎么对待财富，还告诉了我们怎么对待人生。

瑞典宜家家居创始人英格瓦·坎普拉德，他以330亿美元身家位居2007年《福布斯》世界富豪榜第四位，但他却极为节俭。他花每一分钱都要仔细计算，平常买菜也要选在最便宜的下午去。坎普拉德基本不穿西装，而且总是光顾便宜的餐厅，还会为买了一条像样的围巾、吃了一顿瑞典鱼子酱而心疼老半天。坎普拉德不仅自己厉行节约，还把这种理念贯彻到了公司经营中。宜家家居的职员总是听到诸如“纸要两面用”这样的叮嘱，在乘飞机出行时，包括创始人坎普拉德在内的宜家家居人员都只能坐经济舱。坎普拉德对人们的非议不以为然：“人们觉得我太吝啬，我并不介意他们怎么想。能够遵循我们公司的原则行事，我感到非常骄傲。”

对于很多巨富来讲，奢华不过是面子工程，而克俭则是本性使然，在他们内心深处更向往着最简单的快乐。事实上，富可敌国的比尔·盖茨平常生活很俭朴——他衣着不讲究名牌，没有自己的私人司机，公务旅行从来不包机只坐经济舱，还对打折商品感兴趣，不愿为泊车多花几美元，很少和妻子去豪华餐馆就餐。另外据到过比尔·盖茨家的人介绍，他的豪宅内陈设相当简单，并不是常人想象的富丽堂皇。比尔·盖茨曾说过：“我要把我所赚到的每一笔钱都花得很有价值，不会浪费一分钱。”

你看，有钱也可以不任性，而且这样的有钱人似乎更加懂得幸福的内涵。

金钱与幸福的辩证观

我们可以这样说，人们看待幸福的角度不同，每个人心里的幸福都不一样。没书读的人认为有书读最幸福，生病的人认为健康最幸福，没钱的人认为有钱才幸福，有钱的人认为生活过得充实才幸福，对一个饥饿的人来说能吃饱饭就是幸福，对一个没有房子的人来说住上新房就是幸福，如此等等。

那么，幸福与金钱到底有没有什么相关性呢？据美国人林德格瑞的《金钱心理学》一书记载：“许多学者对金钱与幸福的关系进行了研究，他们无一例外地提出二者的相关性约为0.25。”金钱和幸福之间有点关系，但关系并没有大到影响人

的幸福，幸福依赖的是内心的体会，而不能完全依赖金钱的多少，二者之间只有轻微的正相关，不是绝对正相关。

好莱坞一代影后伊丽莎白·泰勒就曾说过：“我这一生，拥有财富、名声、成功、容貌，然而从来没拥有过幸福。”这是多么沉重的感慨！

作家毕淑敏讲过一个故事：

在塔克拉玛干沙漠里，有一个老人向游人卖羊皮画，画的内容是关于“银与福”的故事。其间，卖画老人与游客展开了一段富有哲理性的思辩。

游客对卖画的老人说：“银子是个好东西啊，在城里，有了银子就有了一切，可以有水、有大房子、有汽车……”

老人在风沙中一动不动，沉静地说：“银子就是银子，银子不是所有的东西。如果银子是一切，羊皮上就不会写着再送你‘福’了。银子和福是两样东西，你可以有了银子，但是你没有福。福是另外的赐予。”游客说：“有没有这样一种可能呢？我没有银子，可是我有福？”老人好似一尊沙漠中的石像，说道：“行的。你没有银子，可是你能有福。”游客说：“不见得吧？如果真是那样，就该写着福与银了，而不是现在的顺序。”老人并不恼，慢慢地说：“细细看，看它的四周是什么？”

游客仔细观瞧发现，羊皮画周边的木流苏，并非普通的纹饰，而是一把又一把的吃饭勺子。它们由树根雕成，平浅单薄，要是用来舀汤，可真要费不少功夫。老人最后这样说：“福的根是要有饭吃，要是没的饭吃，人就成了干尸。有了饭吃，人就有了福底子。有银子比有福容易，有人有了银子，可是没有福。有福是最难的。你要先有了吃饭的勺子，再有了锦上添花的银子，然后，你还要去找福。银子永远不能骑在福上头。”

这个故事告诉我们，金钱与幸福的确是两码事。如果我们过分追求金钱，把金钱看成是决定幸福的“万能钥匙”，我们就很可能被金钱所奴役。

奥地利有一个叫阿伯德尔的百万富翁，因为有感于财富不仅没给自己带来快乐，反而让自己痛苦不堪，他把所有的财富捐给了慈善机构，之后搬进一幢小木屋，过起了普通人的生活。清晨闻泥土混合着草香，黄昏看倦鸟归巢，一种平和悠然的幸福感从心而来。

有人说，金钱98%是能量，2%是物质。其实，金钱的本质是“侍奉生命、服务他人”，用好了，就像药可以治病一样，能济世救人、自利利他；用不好，就像药一样带来副作用。可见，金钱固然重要，但对待金钱的态度似乎更重要。

所以，我们有必要提醒大家，在你拥有金钱之前，应该首先掌握驾驭金钱的本事。否则，驾驭不了金钱，却反而被金钱所驾驭，那实在是一桩糗大了的事情。

幸福是什么：幸福是意愿消极时重新梳理自己、检视自己，清晰自己的选择是否应该执著于虚幻方向，放下不一定要在无望时；幸福是为别人，为世界做的每一件事。

二、不幸福是因为出身低微?

其实，不管出身高贵或卑微，那都是父辈及其以上的事，幸福不幸福则是自己的事。

出身对人的影响

我们每个人来到世上，都自带了两个无法受自己控制的因素，一个是基因，一个是家庭。很多人眼中的“出身”，无非就是某人父母有多少钱，是多大的官，可能还加上他父母有多少学问。

那么，家境对一个人的幸福究竟有多大的影响呢?

先来看出身较好的人。如果一个人家境殷实，父辈有经济资源和人脉资源，通过父辈的耳濡目染，富人孩子的视野、人脉和资源都很富足。像柳传志的女儿柳青哈佛毕业，成了滴滴总裁，侄女柳甄也是 Uber 中国区高管，原因很简单：“创二代”的资源传递。我们可以想象，这样家庭出身的孩子，其人生幸福感应该是比较强的。

当然，也不能一概而论。许多帝王都感叹其高贵的出身给他们带来的不幸后果，恨不得自己出生于贫贱与高贵之间的中间阶层。明智的人也证明，中间阶层的人能获得真正的幸福。《圣经》中的智者也曾祈祷：“使我既不贫穷，也不富裕。”看来，比上不足、比下有余的观念，在出身问题上也被体现了出来。

再来看出生在相对普通的家庭。家境一般，父母是赚固定工资甚至无工资可赚的状况，那么，孩子会因为没有资源而不敢冒风险，更不知道如何调动资源。低收入、负债累累、入不敷出等，这一系列的经济困难必然带来巨大的心理压力。心理压力升高时，人往往会出现更多的情绪和行为问题，加剧家庭矛盾。比如处于高压下的父母在对子女的教养过程中也更易怒、冷漠，表现出更少的温暖，这势必会影响孩子乃至整个家庭的幸福指数。

有一种说法是“性格决定命运”，性格虽然可以后天改进，但天生的居多，所谓“江山易改，本性难移”。就算性格不是完全天生的，在长期的家庭生活中，一个人的性格也被很大程度上限制了，一个人的家庭也是他“天生”的一部分。从这个角度来看，其实并不是性格决定命运，而是命运决定性格。出身底层，受影响的不仅是性格，还有看待幸福的心智模式。

可以说没有人真心喜欢出身底层。底层的生活，常常不是生活，而是直面生存这个课题。身为底层，容易突破下限，容易不讲规则，就像一位作家说的：“残酷的生活太容易让人暴露人性中的恶，底层的人性太容易被考验。”

出身对于一个人幸福指数的影响还体现在另一个方面：如果出生在一个父母感知幸福能力强的家庭，那么孩子的幸福感也会增强；反之，出生在一个父母对幸福的感知力较低的家庭，孩子的幸福感也会相对减弱。

家庭成员之间的情绪和观念互相影响，对于幸福的体悟也会互相影响。比如，俞敏洪在演讲时就曾经说过，当年他的家庭并不富裕，刚刚解决生存问题。但他内心时刻充满幸福感，因为乐观的父母总是给他传递积极的心理暗示，他总能看到父母亲对生活的一种知足常乐，带动着他也觉得自己很幸福。

所以，出身是不由自己选择的，对我们的影响是与生俱来的，谁也绕不过去。但是怎么看待这个问题，则是完全可以由我们自己做主。

正确看待出身

我们不能否认，好的出身能给人带来更多的资源，无论是有形的物质资源还是无形的人脉资源，而拥有这些资源意味着更多走捷径的可能性。但是，“梅花香自苦寒来，宝剑锋从磨砺出”“自古寒门出贵子，从来纨绔少伟男”“英雄不问出处”等古训告诉我们，没有一个好的出身并不能否定个人的努力和意志力的巨大能量，如果一个内心强大的人，能够克服和化解出身的劣势，出身的低微反而成了奋进的动力。

大家都知道商界大佬、中国富豪李嘉诚，但李嘉诚就是在低微落魄中崛起的。

1940 年秋，李嘉诚一家从潮州逃难至香港，栖居在舅舅的钟表行中。李家可算得上书香门第，在当地受人敬重。但这些在当时的香港没有半点价值，甚至为生存带来了压力，一家人卑微如蝼蚁。13 岁的李嘉诚不得不失学，寄人篱下当学徒。白天有做不完的工作，夜晚则必须搬开家具与其他伙计挨着入睡。历经家道中落、少年失学、父亲过世、孤独的流落异乡，迫使李嘉诚在很短的时间内压缩成长。

为了实现对父亲“我一定会过得很好”的承诺，李嘉诚觉得只有加倍努力才行。要想出人头地，学习是唯一的武器，于是他开始一边自学，一边工作，虽然艰辛，李嘉诚却觉得十分充实。“年轻时我表面谦虚，但内心很骄傲。因为你看见身边的人每天保持原状，而自己的学问却日渐提高。”李嘉诚后来回忆说。

机会终于来了。在 1945 年“二战”结束后的某天，李嘉诚所在工厂的老板急着需要发信，但是书记员请假，李嘉诚因好学被推荐帮忙。出色的表现使得老板对他另眼相待，将他从杂役小工调至做货仓管理员，继而成为了业绩很棒的推销员，再升到经理，19 岁更成为总经理。李嘉诚也从中学到了更多的关于货品的进出、价格，以及货品管理、推销等技巧。

随着“二战”后经济复苏，塑料制品的市场需求很旺盛，李嘉诚认为机不可失，决定自行创业。1950 年，他利用自己的积蓄连同舅父的借款共 5 万港元，开设了长江塑料厂。1957

年，李嘉诚从行业杂志中得到启迪，赴意大利考察，回港后转产塑胶花。得益于当时的消费环境，业务迅速发展，由于产品能不断创新，李嘉诚继而成为了香港乃至全球的塑料花大王。如今这已成为李嘉诚财富故事中的经典情节。

事实上，人不是巴甫洛夫的狗坐等铃响才吃食，不只是单纯对环境做出反应，还能主动地选择环境和改变环境。一个人的动机、努力、能力、身心健康、责任感都极大地影响了他的成功和失败。这些因素都使他在经济困难以及负面生活环境中起到保护作用，使他具有更大的心理弹性。

可见，通过改变心态和改变环境，我们可以改变对幸福的感觉。

幸福不在出身，而在感受

一般说来，社会是个金字塔，物质和精神产品分配是倒金字塔结构，金字塔最高端的极少数人享受最大比例的物质产品和精神产品，最底层大多数人享受只能维持生存的物质产品，甚至生存的物质产品都不够。这就造成了一个客观的事实，那些在金字塔尖出身好的毕竟少数，我们大多数人还是属于金字塔的底座。

那么，是不是处于金字塔底座的人就没有幸福感了呢？这倒也未必。

我们学校里有位清扫卫生的女工，她可能是在这个城市的最底层，收入微薄，也很难享受到这个城市的福利，甚至生病、孙子升学等基本问题的解决都需要花费很大的力气。一次偶然机会和她交流后，才知道她在这一座城市里的生活是多么的惬意。

她很享受自己的生活，她说自己这把年纪还能打工挣钱，觉得自己很能干也很有用。自己的孩子在城里打工，她不但能和家人住在一起，还能挣钱，她觉得很幸福。她说自己在农村住了一辈子，老了还能出来逛逛公园，看看夜景，她说自己也挺幸运。我说你租的房子会不会太艰苦，她说没什么艰苦的，比起在农村老家面朝黄土背朝天，一年攒不下几个钱来，现在的工作可是体面多了。

这个清洁女工就是一个典型的没什么高贵出身，没什么家庭背景，却依然感觉幸福的人。她从不抱怨，一直享受在自己的一方天地之内，有着属于自己虽平凡却可贵的幸福感。可见，心若不卑微，出生在哪里都不卑微。

与此相反，也有出身不错却缺乏幸福感的人。

有一位年轻朋友，父母都是正处级干部。一线城市有三套商品房，车子是上百万级别的豪车，自己的工作也是满世界周游又有人给发工资的好工作。但每次相聚总看他眉头紧锁，他说自己生活和工作甚至未来都不在状态。我很诧异，按理说他出身好，经济状况好，个人工作和生活绝对都是上档次的。可是他却说："这些生不带来死不带去的东西，我不在乎，就是幸福不起来。"

挺可怕的一句话——幸福不起来。可能有不少人都有这种什么都不缺，就是幸福不起来的负面心态。

心智对了，世界就对了

有一种说法是：你认为自己是什么样的人，那你就是什么样的人。据心理学研究发现，乐观主义者能够掌握自己的命运。如果事情不顺利，他能够立刻做出反应，寻找解决办法，制定新的行动计划，并且主动寻求指点。悲观者则感到自己只能由命运摆布，行动拖拉。既然认为毫无办法，他便不去寻求指点。

我们想说的是，幸福感是可以改变的，所以当然可以被训练出来。

> **幸福是什么**：幸福是慵懒的阳光下的雨露，幸福是人群中平凡的人，平顺的狗，平静的时空。

三、不幸福是因为名誉地位？

《圣经》中有一则寓言说：“凡有的，还要加倍给他叫他多余；没有的，连他所有的也要夺过来。”就是说，任何人在某一个方面如名誉、地位、金钱等方面获得成功，就会有更多的机会取得更大的成功。这就是著名的“马太效应”，经济学界称为“赢家通吃”。

从出名要趁早说起

女作家张爱玲曾经说：“出名要趁早，来得太晚的话，快乐也不那么痛快。”

有人欣赏这句话，因为她说得坦白，不做作。可能很多人都想说，但没有张爱玲那个胆量。同时这句话也说得很实在，名出得早，利跟着来，一生风风光光，当然比无名小卒要精彩得多。

如果名出得晚，虽然总比不出名要好，但毕竟是甘蔗已经啃到根部，甜则甜矣，无奈所剩无几何。尤其是现代某些行业，出名不早，则简直没有戏唱，例如模特、运动员、演员，晚了，就花枝凋零，风华不再，只能改行做别的。

不过，张爱玲这句话可质疑的地方也很多。且不说出名早晚并非能由你自己说了算，更令人起疑的是，就算出名早了，就真那么好吗？且以张爱玲自己为例，她的《传奇》出版时声名鹊起，那时她还不到24岁，出名不可谓不早矣。但令人意外的是，张爱玲此后的岁月过得一点都不幸福。飘零异国，穷死他乡，死后遗体几天以后才被人发现。而最最令人遗憾的，是她在文学上似乎也江郎才尽，再没有出现过什么惊世的作品。

现在的人，很多都愿意出人头地，而且信奉出名越早越好的信条。尤其是在这个网络时代，出名的途径也越来越多。比如，“网络红人”就是这个喧嚣时代的造名产物。他们的走红皆因为自身的某种特质在网络作用下被放大，与网民的审美、审丑、娱乐、刺激、偷窥、臆想以及看客等心理相契合，有意或无意间受到网络世界的追捧，成为网络红人。在这些人中，有的因为艺术才华成名，有的因为搞怪作秀成名，有的因为意外成名，有的因为网络推手而成名。

其实，张爱玲“出名要趁早”这句话，也耽误了很多少年人，让他们在滚滚红尘之中迷失了自我。

1902年，27岁的诗人里尔克应聘去给62岁的画家、雕塑大师罗丹当助理，在初出茅庐的诗人的猜想中，名满天下的罗丹一定过着十分浪漫、疯狂、与众不同的生活。然而，他看到的真实景象与想象中的大相径庭，罗丹竟是一个整天孤独地埋头于画室的老人。里尔克问他："如何能够寻找到一个要素，足以表达自己的一切?"罗丹沉默片刻，然后及其严肃地说："应当工作，不只要工作，还要有耐心。"

没错，画家、雕塑大师罗丹的幸福就是工作和耐心，他肯定是从这两者之中获得了最令人喜悦而沉醉的人生幸福。

张爱玲这句话还有可质疑的地方。出了名的人就一定幸福吗? 当然，人出了名，好处固然不少，因为有马太效应在。但坏处似乎也同样地多。

一是很容易成为众矢之的，雅一点说是"誉满天下，谤亦随之"、"木秀于林，风必摧之；堆高于岸，水必湍之"。俗一点说就是"人怕出名猪怕壮"、"枪打出头鸟"。

二是掌声多了，鲜花多了，常常生活在镁光灯下，如果定力不足，难免飘飘然，昏昏然，顾盼自雄，忘了自己到底有几斤几两。

三是开会多了，握手多了，电话多了，名片多了，从此失去了自我的空间，更无法潜下心来再读点书，加点油，充实一下自己。如果出名之前准备做得不够，志大才疏，出名之后不再加油，其结果就免不了变成赵括或是马谡，只有夸夸其谈而无实际本领。

四是即使纯粹从自我的角度看，出名太早也未见得是什么很好的事。一个人出名之后，往往变成公众人物，从此失去隐私，走在路上被人指指点点，好像很出风头，实则不胜其烦。

尤其是演艺圈的明星，总免不了成为狗仔队的捕捉对象，叫你无所逃于天地之间。那种生活实在只能用四个字来形容，叫“不堪忍受”。

那么，人出名不早不好，早了也不好，那到底如何是好?

其实，早一点出名或晚一点出名，不是问题的关键，问题的关键是，要出名就要出实名，即根底扎实的名，有真才实学的名，是实至名归的名。不能出虚名，出假名，出浮名，更不能出污名和恶名。孔子说：“不义而富且贵，于我如浮云。”又说，“富贵如可求，虽执鞭之士，吾亦为之。如不可求，从吾所好。”抓住年轻的时光，切实充实自己最要紧，是金子总会发光，是花总会开放。“不患人之不己知，患其不能也。”“不患莫己知，求为可知也。”“不患无位，患所以立。”（皆孔子语）千万不可为了出名，不择手段，背叛自我，委屈自己，那就比不出名还要糟糕。

如何摆正身份地位

时下，不少人都很在意身份，特别是有些担负一官半职的人，更是把身份看得很重。在他们看来，身份就是地位，身份就是权力，身份就是面子，身份就是荣耀，身份就是价值的体现……在有意和无意之间，身份成了一些人的“商标”和“品牌”，而刻意地彰显自身，则成了某些人秀幸福的道具。

其实，身份地位是个相对的概念。一个人的社会地位取决于他达到的高度在与这个社会上其他人达到的高度比较之后的位置。地位的高低，和这个人对社会资源的支配度及他对社会的影响程度有关。地位代表着尊荣，体现着风光，蕴涵着价值。一句话：有了地位就有了身份，就有了说话的权利，顺带也有了名誉和风头。

在很多人的心目中，只有有了名誉和地位才等于实现了自身的价值。也有人认为，一个人的权力和地位才是真正成功的体现。

在现实社会里，身份地位的差别不言而喻。如果一个人事业有成，身份显赫，即便他一言不发，从容淡定地坐着，仅凭地位已能说明很多……若一个人一事无成，没身份没地位，那么即便他讲出的话很有道理，别人也觉得是无稽之谈，因为他的身份不具有说服力。

我们不难发现，富人的脱口而出就是“生意经”，穷人的言之有理也是“乱弹琴”。同样的女人，出名前她的话是“闲言杂语”，成名后她的话就是“经典语录”；同样的男人，穷困潦倒之际，美女们嗅到的是“穷酸味”，功成名就后，美女们感触到的就是“非凡的男人味”。这个社会似乎非常现实。

那么，取得了显赫身份和地位的人真的就幸福吗?

原海南省副省长冀文林因为严重违纪违法被查办，曾经为他的成长付出了诸多心血的姐姐叹息道：“早知道他这样，不如当初让他在家种地。凭他的脑子在家种地也能过上好日子，为啥非当官呢?”

冀文林姐姐的叹息让人似曾相识。面对原铁道部部长刘志军的落马，看着他长大的家乡父老大为震惊，无比伤感痛惜；

重庆北碚区原区委书记雷政富因不雅视频而落马了，他 70 多岁的老母亲得知消息后，喃喃自语地一遍遍说起，“当啥子干部呦……”她说，如果可以选择，宁可儿子没有走出大山，宁可儿子在老家种地在外面打工。

贪官污吏的落马，留给了亲人无限的感慨和永远的伤悲。在刘志军、冀文林、雷政富等亲人的眼里，他们无疑十分“优秀”，从小就显示出过人的天赋，好学习、能吃苦、会干事，注定长大后能够出人头地。他们确实不负众望，后来都成了不小的气候，成为了亲人们的骄傲。

在工作之初，由于没有背景可信托，他们也曾发奋图强，付出了超越常人的艰辛和努力，赢得了上下一致的认可。但是，随着工作环境的改变，面对的利益诱惑多了，他们的心态在发生变化，追求变得非同寻常。特别是他们内心对权势、金钱、享乐、美色的渴望贪求，促使他们最终成为了它们的奴隶，让他们把整个身心投入了不可见底的深渊。

孙中山先生说：“当立心做大事，不立心做大官。”他指出，“凡职业无论大小，官阶无论高卑，若不能立志，虽做皇帝，做总统，亦无事可做；若能立志，则虽做一小官，做一工人，亦足以成大事。”他还对“大事”下了一个确切的定义——“无论哪一件事，只要从头至尾彻底做成功，便是大事。”

所以，重要的不是名誉地位，而是怎样看待名誉地位。显然，名誉地位观也是人生幸福观的一个重要组成部分。

幸福是什么：幸福是影响别人之前先影响自己。幸福是尊重每个人的差异性。一生中会遇见各色人等，让你喜的忧的、乐的痛的、满意的不满的、有益的无益的，都要用放下的心态去尊重、去接受个性的差异，别人丰富了我们，我们丰富了别人。

四、不幸福是因为人际关系?

人际关系紧张，可能是别人的问题，但更可能是自己的问题。很多人在处理人际关系中信奉“狭路相逢勇者胜”的哲学，其实，责己恕人的退让哲学可能更有效。以责人之心责己，以恕己之心恕人，再看看结果如何?

人际关系的确很重要

所谓人际关系，是人与人之间心理上的关系和心理上的距离，是人们长期交往的结果，包括亲属关系、朋友关系、学友关系、师生关系、雇佣关系、战友关系、同事及领导关系等。美国哈佛大学的结论是，获得事业成功85%的原因在于有良好的人际关系，15%取决于个人的技术、能力、经验，可见和谐的人际关系，对于人的发展起到至关重要的作用。

人际关系是以人的情感为联系纽带建立和发展的。不同的人际关系引起人们的情感体验不同。亲密关系引起人们愉快的体验，心情舒畅；疏远的或敌对的关系，会引起人们之间不愉快、烦恼，甚至憎恶的情感体验。

人际关系健康是个体健康的一个重要内容，人际交往障碍，可能导致心理失调，将影响人的心理健康，导致许多心理性疾病。

人际关系对工作效率也有重要影响，人际关系好，团体成员感情融洽，心情舒畅，有助于发挥工作的积极性、主动性、创造性，从而大大提高工作效率；反之，人际关系不好，相互猜疑、冲突、拆台、关系紧张，工作不协调，将大大降低工作效率。

生活的辩证法告诉我们，要建立和谐的人际关系，就要学会宽容。当你乐意宽容别人时，别人也乐意宽容你。

不仅如此，宽容还是衡量一个人品德修养的重要标志，也是获取人生幸福的重要因素。一个小肚鸡肠的人，不愿意宽容别人，也给自己造成严重的心灵伤害。在中国历史上，《论语》中的“宽则得众”，《尚书》中的“必有忍，其乃有济；有容，德乃大”，讲的都是这个道理。

纵观古往历史人物，齐桓公不记恨管仲的一箭之仇，任其为相并尊为仲父，得其辅佐，终于使齐国成为五霸之首；廉颇负荆请罪，蔺相如宽容大度，“将相和”铸就了赵国的安宁。相反，项羽虽武功盖世，却因“自矜功伐，奋其私智”，最终兵败垓下、自刎乌江；周瑜虽才智过人，但心胸狭窄，结果壮志难酬，抱憾而终。

鉴古思今，如果我们每个人都能以宽阔的胸襟对待社会，以平和的心态对待他人，我们的社会就能更加温馨、更加和谐。我们要尽可能容人之短、容人之长、容人之过。其中容人之长，比容人之短还重要。容人之长者，不嫉贤妒能，允许别人赶上甚至超过自己。

因此，我们应做到既能容言、容行、容事、容物，也能容过、容短，容妒、容嫌。使宽容真正成为构建和谐人际关系和人生幸福的“润滑剂”。

谙熟责己恕人的辩证法

在人际关系交往中，很多人都或多或少体会到“人情冷暖，世态炎凉”的滋味。现今，这种感慨似乎更是屡见不鲜。

那么，“人情冷暖，世态炎凉”是不是我们今天独有的产物呢？事实上不是，是古已有之的。

我国战国时期的苏秦和张仪，可谓大名鼎鼎，如雷贯耳。这两个人都是战国晚期有名的纵横家或策士，用现在的话说，二人都是国际社会著名的政治家、外交家和社会活动家。就是这两个文弱书生，以其超人的智慧和诡谲的计谋，凭着三寸不烂之舌，穿梭于国际社会之中，把各国玩弄于股掌之上，弄得国际社会风云变幻，惊涛骇浪。他们的纵横捭阖，深刻影响着战国后期群雄之间兼并战争的形势，其观点和思想也对后世王朝产生了深远的影响。有人评论说，苏、张“一怒而天下惧，安居则天下熄”。而这两人之中最为著名的苏秦，就是从“人情冷暖，世态炎凉”堆中爬过来的。

苏秦出道时，游说的第一个对象就是秦惠王。没想到，苏秦说得哪怕再有理，无奈却不合时宜，所谓“话不投机半句多”，秦惠王根本没有理他。结果，苏秦带出来的黄金快用完了，身上穿的那件充阔佬用的皮袍大衣也破了，大概多少还有一点点零钱，可是绝对没有交际费用，再也没有长期住下去的能力了，因此只好乖乖地收拾行李回家。

苏秦携带书籍，挑着行李，面容憔悴，又黑又瘦，很明显是在外面受挫的结果。但这还是他的外形。最难堪的，还是他当时内心的痛苦，用后世人的话说，那简直是“无颜见江东父老”。这个时候，天涯茫茫，又到哪里去呢？叶落归根，不管好不好，有个家，有个窝，总是好的。因此，他只好硬着头皮回家。当然，进了自己的家，一定很难过，惭愧得不得了。不要说是苏秦，大家把自己换作他的处境，就可想而知那种“状有愧色”四个字的千万痛苦了。

这样还不算什么，等他到了家以后，更难堪的是他妻子正在织布，看到他回来的那副落魄相，当着家人的面，也没有勇气来迎接他，更谈不到宽慰几句了，只是仍然不停地织她手里的布，摆出一副冷漠的态度。他的嫂嫂们，当然也不会问他吃过饭没有，个个见如不见，哪里还肯为他到厨房去做饭呢？他的父母看了他那副样子，一句话也不和他讲。

苏秦到底是了不起的人。他遭遇到这种情形，既不怨天，也不尤人，只是自己重重地叹一口气说：“妻不以我为夫，嫂不以我为叔，父母不以我为子，是皆秦之罪也。”他对于自己周遭的情形，一点都不迁怒怨恨到别人身上去，只是深刻反省自责，认为他的妻子、嫂嫂、父母等人对待他这种情形，都是他自己的不是、无能，并没有埋怨他们的冷淡，更不会借酒浇愁，要打人、要骂人。

后来，苏秦发达之后，家里人待他开始天壤之别了。那个时候，他的父母兄弟妻嫂，全家人都出动到郊外去欢迎他。等到苏秦的全副仪仗到家以后，他的兄弟、妻子、嫂子们，都不敢拿正眼来面对着他，只是低着头，偷偷地拿眼角瞄他，而且都弯着身子，用半跪式的姿态侍候他，等着他来吃饭。

苏秦看了这种情景，就笑着对他的大嫂说：“你在我当年失意回家时，不肯为我做饭，现在为什么又这样地多礼呢?”

他的嫂子听了苏秦类似讥讽的幽默以后，干脆一跪到地，扑下了身子拜倒在地，一面向他道歉，一面说了一句非常坦白的良心话：“因为我现在看到你官位又高，钱又多，所以我要对你好好地巴结了！”

其实，苏秦的这种遭遇，并不特别，古今中外的人情，大体上都同此一例。既然如此，我们还是看开一些为好，何况我们自己也未必能够免俗。

苏秦在失意之时能够宽容家人的胸怀，是非常值得我们学习的。以责人之心责己，以恕己之心恕人，才是修养自己、处理好人际关系的根本准则。

当然，也有做得更好的事例，比如“三尺巷”的故事。

据《桐城县志》记载，清代康熙年间，文华殿大学士兼礼部尚书张英的老家人与邻居吴家在宅基的问题上发生了争执，两家大院的宅地都是祖上的产业，时间久远了，本来就是一笔糊涂账。两家的争执顿起，公说公有理，婆说婆有理，谁也不肯相让一丝一毫。由于牵涉到尚书大人，官府和旁人都不愿沾惹是非，纠纷越闹越大，张家人只好把这件事写信告诉张英。

家人飞书京城，让张英打招呼“摆平”吴家。张英阅过来信，只是淡然一笑，旁边的人面面相觑，莫名其妙。只见张大人挥起大笔，一首诗一挥而就。诗曰：“千里捎书只为墙，让他三尺又何妨。长城万里今犹在，不见当年秦始皇。”书毕，交给来人，命快速带回老家。

家里人见信后深有感触，看来“让他三尺”确实是个明智的办法。房地产是很可贵的家产，但争之不来，不如让三尺看看，于是立即动员将垣墙拆让三尺。邻里们知道后，都交口称赞张英和他家人的旷达态度。张尚书一家的忍让行为，感动得吴家一家人热泪盈眶，全家一致同意也把围墙向后退三尺。

两家人的争端很快平息了，两家之间，空了一条巷子，有六尺宽，有张家的一半，也有吴家的一半。

这条几十丈长的巷子虽短，留给人们的思索却很长。如果我们在处理人际关系中，始终遵循这样的态度，那么还会存在因为人际关系紧张而导致不幸福的事情发生吗?

幸福是什么：福是放下纠结于某事件中，谨慎并轻松地检视当下的每个行为。而后，聚集积极的力量，选择恰当的时机去迎接柳暗花明。

五、不幸福是因为没有得到？

生应该努力，而不应随波逐流。但是，努力了也未必就能得到。所以，对于得与不得自然应该乐观对待。现在有两句流行的话就说得非常好：“得，我之幸；失，我之命。”这样看得失，还有什么执著放不下呢？

欲望很高，幸福很低

有一种说法认为，得到了才是幸福，得不到当然不会幸福。一般而言，没完成的心愿，没达成的目标，没实现的梦想，凡是没有实现的理想都会拉低幸福感。

果真如此吗？我们通过实例来探讨一下。

有甲乙两个人，甲有房子60平方米，有一台10万元左右的车，工作稳定，月收入4000元。个人幸福指数90%。乙有两套房子，一台100万元左右的车，年薪30万元。个人幸福指数30%。

甲之所以比乙的幸福指数高，是因为他们各自内心欲望不同，对自己所拥有的态度也会不同。是甲的知足心态和对目前状态的满意度造成的。他没有太多需求，认为有房有车有工作的生活就很好，没有什么因愿望实现不了而导致的缺失心态。所以，个人幸福指数颇高。而乙则不然，之所以生活条件看起来比甲高，在幸福的体会上却差了甲60个百分点，是因为他的内心始终认为自己虽然有了两套房，可他想要让全家住进别墅的梦想没有实现，想让孩子海外留学甚至移民的心愿没有实现，所以，感觉生活令自己不满意，体现在幸福感上就会偏低。

现实中，类似乙的人不在少数，这种不知足的心态放在追求事业上是个好心态，知不足才能奋进。但放在幸福感上，则是个不太好的心态。如果不加以把持，只会变成贪心，得到1万，就想要10万，永远都觉得自己得到的不够。总有欠缺的内心体验，哪里有尽头？看不到眼前的所得，幸福又从何处着手？

明代著名律学家朱载育写有一首名为《山坡羊·十不足》的曲，以夸张而又写实的手法描写了人的欲望的无穷无尽，劝人珍惜拥有，知足常乐。《山坡羊·十不足》有的也称《不足歌》，而且有不同版本。流传最广的版本其曲文如下：

终日奔忙只为饥，才得有食又思衣。
绫罗绸缎身上穿，抬头却嫌屋子低。

盖了豪宅与大院，床前缺少美娇妻。
如花美眷伴身旁，忽虑出门没马骑。
买得高头金鞍马，马前马后少小厮。
前呼后应仆从多，有钱没势被人欺。
时来运转做知县，抱怨官小职位卑。
做到尚书升宰相，朝思暮想要登基。
一朝南面做天子，东征西讨打蛮夷。
四海万国都降服，想和神仙下象棋。
八仙陪他把棋下，吩咐快做上天梯。
天梯太高没爬完，阎王发牌鬼来催。
若非此人大限到，爬到天上还嫌低。
玉皇大帝让他做，定嫌天宫不华丽。

曲文文辞诙谐易懂，琅琅上口，读之让人莞尔之余，又发人深思，促人警醒。人的欲望是无穷无尽的，如果不知节制，自然就会一发而不可收拾，甚至酿成大祸。像曹雪芹说的“因嫌纱帽小，致使锁枷杠，昨怜破袄寒，今嫌紫蟒长”的事情，不仅过去有，今天似乎更是不胜枚举。

有个故事讲，一个沿街流浪的乞丐每天总在想，假如我手头要有两万元钱就好了。一天，这个乞丐无意中发现了一只跑丢的很可爱的小狗，乞丐发现四周没人，便把狗抱回了他住的洞里，拴了起来。

这只狗的主人是本市有名的大富翁。这位富翁丢狗后十分着急，因为这是一只纯正的进口名犬。于是，就在当地电视台发了一则寻狗启事：如有拾到者请速还，付酬金两万元。

第二天，乞丐沿街行乞时，看到这则启示，便迫不及待地抱着小狗准备去领那两万元酬金，可当他匆匆忙忙抱着狗又路过贴启示处时，发现启事上的酬金已变成了三万元。原来，大富翁寻狗不到，又电话通知电视台把酬金提高到了三万元。

乞丐似乎不相信自己的眼睛，向前走的脚步突然间停了下来，想了想，又转身把狗抱回了窑洞，重新拴了起来。第三天，酬金果然又涨了，第四天又涨了，直到第七天，酬金涨到了让市民都感惊讶时，乞丐这才跑回洞去抱狗。可想不到的是，那只可爱的小狗已被饿死了，乞丐还是乞丐。

这就是一种典型的“乞丐心态”。人生在世，有很多人抱着这种乞丐心态，好多美好的东西我们不知道珍惜，让放纵的贪欲毁坏了我们的幸福。

一位哲人说过：“人的欲望是座火山，如不控制就会害人伤己。”

有一段有关于知足惜福的人生感悟，说得非常好：

人生尽是福，惟人不知足。
思量挑担苦，徒手便是福。
思量行路苦，骑驴便是福。
思量饥寒苦，饱暖便是福。
思量病痛苦，无疾便是福。
思量露宿苦，陋室便是福。
思量慌乱苦，平安便是福。
思量失业苦，佣工便是福。

思量加班苦，安睡便是福。

思量折腾苦，安静便是福。

思量离别苦，团圆便是福。

每当感到不足时，我们就读读这段话，也许就可以把自己从好高骛远的状态中拉回来，享受我们已经拥有的幸福。

人生咸淡皆有味

按照通行的说法，欲望是人类生存的原动力，合理的欲望能推动个人和社会的发展。但是欲望一旦变成贪心，知足快乐的幸福感也就渐行渐远了。

经济学中有个公式：幸福 = 效用 ÷ 期望值。举例来说，如果一个人发奖金，拿到 1000 元，可他当时期望的奖金是 5000 元，1000 除以 5000，幸福感只有 0.2。但如果他开始期望是 500 就知足，那么，1000 除以 500，幸福感是 2。

这个公式告诉我们，幸福感类似于满足感，它实际上是现实的生活状态与心理期望状态的一种比较，两者的落差越大，则幸福感越差。所以，要获得幸福，或者是提高所得，或者是降低期望值。而降低期望值，就是降低内心欲望。

一个人，若知足，若满足于眼前已有的，不去奢望未得的，就有了幸福的起点。

自恃千古第一的秦始皇，内心有着太多太大的欲望。网罗六国之珍宝，搜刮天下之财货。耗费百万民工，仅为修建供其享乐的阿房宫。一时间，人们敢怒而不敢言。所幸，历史是公正的。秦始皇的阿房宫还未完工，他就已一命呜呼，死后据说阿房宫被大火焚为一片焦土。

与之相反的宋代文豪苏东坡，深通儒、释、道三家要旨，通过修身养性的功夫，努力保持一颗平静而悦纳的心。纵使仕途不顺，屡次遭贬，生活穷困，仍能保持高尚的品节。他曾云“人间有味是清欢”，可谓深谙降低欲望之妙，故而能总是如此乐观豁达，从而成就一段超越的人生。

古代儒家提倡的一种人生观是：“君子素其位而行，不愿呼其外。素富贵行乎富贵；素贫贱行乎贫贱；素夷狄行乎夷狄；素患难行乎患难。君子无入而不自得焉。”意思是说，君子只求就现在所处的地位，来做他应该做的事，不希望去做本分以外的事，处在富贵的地位，就做富贵人应该做的事；处在贫贱的地位，就做贫贱时应该做的事；处在夷狄的地位，就做夷狄所应该做的事；处在患难，就做患难时所应该做的事。君子能随遇而安，无论在什么地方，都能悠然自得。

西方宗教的观点认为，当人穿过坟墓走到上帝面前，手里捧着的是自己的心。可见世间本没有的纷繁复杂，只有人们心中的欲望沾染了自己的心，进而蒙住了自己的双眼时，世界才变得如此的浑浊，人的幸福感才消失殆尽。

你吃你的山珍海味，我不眼馋，我吃我的粗茶淡饭，我就感到味美香甜；你穿你的高档名牌，我不羡慕，我穿我的布衣麻衫，我就喜欢；你开你的高档轿车，出入高级会所，闲时去去健身房，打打高尔夫，我不嫉妒，我骑我的自行车，出入花

草鱼虫市场，闲来约几个驴友，爬爬山，游游泳，过过田园生活，乐得个逍遥自在清闲；你做你的高官、总裁、董事长、总经理，我不羡慕，我做我的员工、农民、工人、普通工作人员，不操那么多心，我就满足……这就是美其食，任其服，乐其俗，高下不相慕。只有这样，才能保持一种内心平衡的满足感，才是一种健康人的心态。

那么，真有这种境界吗？下面的小故事或者可以给你启发。

清末著名文学家夏丏尊拜访老友弘一法师，看到他吃饭时只有一道咸菜，便不忍地问："难道这咸菜不会太咸吗？"弘一法师回答道："咸有咸的味道。"吃完饭后，弘一法师倒了一杯白开水喝。夏丏尊又问："没有茶叶吗？怎么喝这平淡的开水？"弘一法师笑着说："开水虽淡，淡也有淡的味道。"

人生咸淡皆有味——一句朴实无华的语言中，包含着丰富的生活感悟。"咸""淡"这两种不同的滋味，分别代表了两种不同的生活，甚至是两种不同的人生。例如：富裕与贫穷，腾达与困窘，出仕与隐居，崇高与平凡，叱咤风云与默默无闻，成就非凡与普普通通……而"皆有味"则是指不管是何种生活、何种人生，都值得我们去细细品味，都值得我们去珍惜热爱。难道不是吗？

幸福是什么：幸福是专注，用大脑想象出美的图景，用随喜之心赏阅。

第二篇

真的有“幸福”吗？

幸福是什么：幸福是得到更是体悟。幸福藏匿于多种形态中，不同的人去抽丝、不同的人去剥茧，得到的东西不同，体悟也不同！

按照百度词条上的说法：幸福，是指一个人的需求得到满足而产生长久的喜悦，并希望一直保持现状的心理情绪，并不与快乐、快感、方便划等号。

我想，每个人的当下的需求是不同的，满足的状态也是不同的，那么幸福的含义当然也不同。

有人说，有稳定的收入是幸福；有人说，有一个和睦的家庭是幸福；也有人说，周游全世界是幸福……但从更高的层次来讲，这些恐怕都未必是幸福的本质。虽然有稳定的收入就有安全感，在安全感的基础上能产生一种幸福感，但收入本身却不是幸福，而只是产生安全感的一种客观因素而已。同样，和睦的家庭、旅游等等虽然可以暂时缓解工作压力，使人忘却感情的挫折，让我们得到比较舒适的感觉，但其本质却不是幸福。

究其实质，幸福可能是根本就不属于物质的范畴，而是一种内在的感受。这种内在的感受，有些时候和物质有关，有些时候和物质根本没有关系。比如说，有些穷人就活得非常开心、非常幸福，很自由，很轻松。

现代医学通过脑部扫描发现，很多压力过高的人，比如企业老板、高级官员等等，他们脑部的很多部位出现了断层。可见，在高度的压力下，人是没有办法幸福的，因为幸福是一种内在的感受，存在于我们自己的小空间当中，很多时候与外界没有关系。无论痛苦还是幸福，都无法与别人分享，也无法让别人替代。

一、幸福长啥模样？

我们常说幸福不是拥有的多，而是计较的少。真正的幸福恐怕是难以描写的，只能用心去体会，体会越深，便越难以描写。所以我赞同普希金说的——“幸福的特征就是心灵平静。”

难画的幸福肖像

很多人都听说过一句有关莎士比亚作品的谚语：“一千个读者就有一千个哈姆雷特”，或者“一千个观众眼中有一千个哈姆雷特。”

鲁迅也有过类似的对《红楼梦》的评价：“单是命意，就因读者的眼光而有种种：经学家看见《易》，道学家看见淫，才子看见缠绵，革命家看见排满，流言家看见宫闱秘事……”

的确，关于一部文学作品或者其中的一个人物形象，众多的评论肯定是仁者见仁，智者见智。其实，幸福又何尝不是如此呢?

我们不妨举例来说。就东西方的哲学思想界的荦荦大者而言，有主张物质满足为幸福的，有主张精神满足为幸福的，也有主张物质与精神同时满足为幸福的；有主张个人的快乐为幸福的，有主张全体的快乐为幸福的，也有主张兼顾个人快乐与全体快乐为幸福的。如果评判起来，恐怕也是众说纷纭，莫衷一是。

但是，我们也可以通过比较的方式来谈一谈。跟“幸福”相对的是“不幸”，或者我们可以从两者的比较之中来进行理解。

如果说夭折是不幸的话，那么长寿就是幸福；如果说疾病是不幸的话，那么健康就是幸福；如果说坎坷曲折是不幸的话，那么一生平安就是幸福；如果说死亡是不幸的话，那么活着就是幸福。如果说鳏寡孤独、无依无靠是不幸的话，那么家庭健全、子孙满堂就是幸福；如果说贫贱是不幸的话，那么富贵就是幸福……战国时期著名思想家韩非子曾经一言以蔽之曰：“全寿富贵之谓福。”这样的福分，显然已经是人间极致了。

如果具体而言，在人生的不同阶段，人们对幸福也会有不同的理解和企盼。

对天真烂漫的孩子来说，跟着父母出游，得到一件漂亮的衣服，一件精美的玩具，一些可口的糖果点心，就能满足他们对幸福的渴望。对刚刚成年的年轻人而言，成绩优秀，学业有成，异性的爱恋，网上的遨游，往往都是他们所憧憬的幸福。

而人到中年所追求的，自然就应当是事业的成功和家庭的幸福和美了。至于老年人，那“健康是金，平安是福”也就道出了他们对幸福的企盼了。

如果细分起来，幸福也会因人而异。

杰出的政治家不仅为自己的国家、民族创建殊勋伟业，还想为人类文明的进步多做贡献，这是他心里渴望的幸福；而一位普通劳动者所渴望的幸福不过是辛勤劳作后的丰收和殷实的日子。教师以为社会培育有用的人才为幸福，战士以为保卫祖国而献身为幸福，科学家以在自己所迷醉的科研领域中驰骋为幸福；而贪婪的商人当然视巨额利润为最大的幸福，赌徒自然只想大把大把地赢钱。一个懒惰的人可以大言不惭地说，如果什么活都不用干，手里又有很多钱，想怎么吃喝玩乐就怎么吃喝玩乐，那就太幸福了。

坦率地讲，幸福还会因每个人不同的生存境遇而有别。

当你跋涉在沙漠戈壁滩上渴得嗓子冒烟的时候，一杯清水就意味着幸福；当你爬行在黄山那段不到两米宽的“鲫鱼背”上战战兢兢时，能安全到达目的地就是幸福。

所以说，要给幸福画出一副准确的“肖像”来，还真的是一件很困难的事情。

俯拾皆是的“小确幸”

时下，在一些人的口中经常听到一个叫“小确幸”的词儿，让人听了的确颇有新鲜感。

那么，“小确幸”到底是什么意思呢？

“小确幸”一词的意思，就是指微小而确实的幸福，或者说是稍纵即逝的美好。这个词，最早出自于日本作家村上春树的随笔。

小确幸就是这样一些东西：摸摸口袋，发现居然有钱；电话响了，拿起听筒发现是刚才想念的人；你打算买的东西恰好降价了；完美地磕开了一个鸡蛋；吃妈妈做的炒鸡蛋；排队时，你所在的队动得最快；自己一直想买的东西，但是很贵，一天你偶然的在小摊便宜的买到了；当你运动完后，喝的是冰镇透了的饮料——“唔，是的，就是它”……它们是生活中小小的幸运与快乐，是流淌在生活的每个瞬间且稍纵即逝的美好，是内心的宽容与满足，是对人生的感恩和珍惜。当我们逐一将这些“小确幸”拾起的时候，也就找到了最简单的快乐！

没错，小确幸的感觉在于“小”，每一枚小确幸持续的时间3秒至一整天不等，但是它确实。

的确，幸福大多数是朴素的，它既本色又亲切，温暖得包裹着我们。幸福就是，生活中不必时时恐惧。幸福就是，寻常的人儿依旧。在晚餐的灯下，一样的人坐在一样的位子上，讲一样的话题。幸福就是，机场依旧开放，电视仍旧在唱。幸福就是，早上挥手说再见的人，晚上又平平常常的回来。书包丢在同一个角落，臭球鞋塞在同一张椅子下……

说到“小确幸”，不仅现代人有这样的感知，过去的人也有这样的感知。清人金圣叹先生有一篇短文《不亦快哉三十三则》，就是畅谈“小确幸”的情趣盎然之作。我们选取几则，

以供大家体悟：

于书斋前，拔去垂丝海棠紫荆等树，多种芭蕉一二十棵。不亦快哉！

夏月科头亦足，自持凉伞遮日，看壮夫唱吴歌，踏桔槔，水一时涌而上，譬如翻银滚雪。不亦快哉！

重阴匝月，如醉如病。朝眠不起，忽闻众鸟毕作弄晴之声，急引手搴帷，推窗视之，日光晶荧（莹），林木如洗。不亦快哉！

冬夜饮酒，转复寒甚，推窗试看，雪大如手，已积三四寸矣。不亦快哉！

夏日于朱红盘中，自拔快刀，切绿沉西瓜。不亦快哉！

箧中无意忽检得故人手迹。不亦快哉！

身非圣人，安能无过，夜来不觉私作（做）一事，早起怦怦，实不自安。忽然想到佛家有布萨之法，不自覆藏，便成忏悔。因明对生熟众客，快然自陈其失。不亦快哉！

推纸窗放蜂出去，不亦快哉！

还债毕，不亦快哉！

你看，连大名鼎鼎的“才子”金圣叹也是如此看重“小确幸”的。而这样的“小确幸”，按理说应该是俯拾皆是。可是在今天这个浮躁而又喧嚣的社会中，我们真要找找这样的“小确幸”，又谈何容易！

现实中，很多人往往把幸福看得太大、太高远，而忽视了眼前的平常幸福。如果连眼前唾手可得的小幸福都抓不住，我们又怎么可能抓得住那些大而遥远的幸福呢？

还是从“小确幸”开始吧！我们先脚踏实地、不辜负眼前，然后才好仰望星空、向往未来。

幸福是什么：幸福是没抱怨没计较的开阔心境。

二、幸福有标准吗？

衡量幸福，按照中国人的习惯，那就是生活水平。其实幸福还有一种精神因素，精神达到了一定的满足，够幸福标准了，也叫幸福。顾此失彼，恐怕都容易犯以偏概全的错误。

幸福的度量衡

幸福是否有衡量标准？以什么为衡量标准？这都是很多人十分关心的事情。一般而言，人们看问题比较喜欢看大人物或者名人怎么说，好像他们就是权威的评判人。既然如此，关于幸福的话题，我们也不妨来看看名人的意见。

作家莫言自2012年获得诺贝尔文学奖之后，便一夜成为中国乃至世界级名人。之后，在被央视记者采访追问“你幸福吗”时，莫言干脆地回答说：“我不知道，我从来不考虑这个问题。”

这是因为，在他看来，“幸福”就是什么都不想，一切都放下，身体健康，精神没有什么压力。

“我现在压力很大，忧虑重重，能幸福么?”莫言说，“我要说不幸福，那也太装了吧。刚得诺贝尔奖能说不幸福吗?”

莫言的“茫然幸福论”，引发了许多人的共鸣。

按照俄罗斯作家列夫・托尔斯泰的说法：“幸福的家庭都是相似的；不幸的家庭各有各的不幸。”那么也可以说，幸福的人都是相似的；不幸的人各有各的不幸。

如今流行“幸福指数”的说法，我们不妨把人生的“幸福指数”落实到具体的项目中，比如家庭指数、事业指数、人际指数、自我指数等方面。

家庭指数：主要特点是夫妻恩爱、父母慈爱、子女乖巧等。如果一个家庭夫妻不和睦，或者经历离婚风波，加之父母有疾病或有些人父母已经缺失，那么，两相比较，幸福就有了可衡量的标准，或者更确切地说幸福有了可对比的范围。

事业指数：主要特点是工作中充满激情、尊严和意义。事业在一个人的一生中扮演着绝对重要的角色，经济水平和个人能力的提升都有赖于事业。所以，这个指数的优劣也能让个人在幸福的感觉上产生可对比的范围。

人际指数：主要特点是个人与他人之间的相互沟通、紧密合作、氛围融洽。和谐的人际关系和不和谐的人际关系，对于幸福感的产生也有一定的区别。

自我指数：主要特点是对自我的充分认识和对内心需求的真实满足等。个人认为，这个指数才是衡量一个人是否幸福的最大指标。无论前面三项指标如何，如果最后一项“自我”的认知不到位，幸福感就会打折扣。一个人的心态和观念越正向积极，思维越乐观，甚至完全可以颠覆前面的几个指数标准。

比如，乐观的人即使面对家庭风波和小不幸，都会看作是人生的一次修行，会很快减掉负面情绪，从短暂的阴影中走出来。悲观的人情绪则正好相反。

积极乐观的人面对事业的起起落落，也能正常自然面对，在个人能力没有提升之前默默努力，不会抱怨职场，也不会向外寻找途径，多数会保有内向思维，认为大部分的问题是自己的问题。所以，事业是否顺风顺水跟个人情绪有关。

毫无疑问，自我指数可以影响到家庭指数、事业指数和人际指数。所以，要改变后面的几项指数，那首先应该改变自我指数。

孟子说：“行有不得，反求诸己。”意思是说，事情做不成功，遇到了挫折和困难，或者人际关系处得不好，就要自我反省，一切从自己身上找原因。

而我们一般人平时的做法，却往往与智者的要求背道而驰。有了问题，不是反躬自省，而是怨天尤人。如此一来，问题不仅不会解决，反而会越来越严重。

“爱人者，人恒爱之；敬人者，人恒敬之。”“人必自侮，而后人侮之；家必自毁，而后人毁之。”当别人对我们不尊重了，就要自我反省，一定是我对别人没有至诚的恭敬心，一定是我自己做得不够好。有人说，人际关系真是太复杂了，其实不然。只要我们时刻存有“爱人敬人”之心，时刻“反求诸己”，就一定会赢得大家的尊重。修养好自己，让自己的内心横平竖直，以有资格作为幸福的度量衡。

一计较，幸福就要打折扣

早春的一天，阳光明媚、岁月静好，随手翻开带着墨香的最新一期报纸，一篇题为《计较》的文章深深地吸引了我。

作者在文中列举了以下几个例子：

有一天陪妻子去超市，买了一堆东西。结账时，他们估摸着这些东西两个人勉强拿得了，于是在收银员询问是否需要一次性方便袋的时候，他们拒绝了。然而，还没走出超市大门，他们手里的东西就接二连三地往下掉，他们就这样一边走、一边捡，一只挑了半天的碗也摔破了。最后只得返回超市花一毛钱买了个塑料袋。

前几年的时候，他在另一个城市上班，住在单位宿舍。因为单位在一个大型商业园区里，吃饭、购物都不方便，每周末他都要和他的同事们去两公里外的一家大型超市购物。回来说，他们会租一辆小三轮车。告知地址后，三轮车司机都说路费 12 元。他们都坚持只给 10 元。有的司机好说话，10 元钱也让我们上车。但也经常遇到一些司机坚持要 12 元而他们都不答应的情况。这样的结果是，好多次他们都因为找不到其他三轮车，一路走回去。走在路上，他们一直在四处张望，希望能遇到一辆三轮车——别说 12 元，20 元钱也行啊！

其实，现在两元钱真的不算什么。平时口袋里掏出两元钱

也是可有可无的心态。路上见到别人掉的两元钱，我们也不一定捡起来。在生活消费方面也不会为两元钱斤斤计较。然而，面对三轮车司机，我们却认为如果两元钱的价格讲不下来，就像吃了大亏一样。

类似这样的例子在生活中不胜枚举：

你舍得花几百块钱买一双精致的高跟鞋，却不舍得花五块钱找修鞋师傅把新鞋打磨一下，最后换来的只能是脚趾钻心的痛；你舍得花几十万买一辆高级跑车，却不舍得花几千块钱给爱车上全险，最后换来的只能是当初的追悔莫及；你舍得在淘宝上花几千块钱买一套你喜欢的茶具，却不舍得为你心爱的茶具付出那么一点点的邮费，最后换来的是一包远道而来的瓷片；你舍得花几百万为自己买一套房子，让家庭美满、事业有成，却不舍得在工作和生活压力大的时候，花几百块钱请一个心理咨询师帮你拨开生活的迷雾，驱散心头的阴霾，最后换来的是个人生活质量的严重受损和工作效率的持续下降……

或许我们在乎的根本就不是那几块钱，我们只是在寻找一种心理平衡，企图通过这样的方式去战胜别人。但是，这样的战胜是没有任何意义的，最后吃亏的只能是我们自己。

人生之所以感觉不幸福，乃在于很多人存有过于计较之心。如果你果断地去尝试，将计较抛至九霄云外，你就能时时处处感受到世界充满鸟语花香。

星云大师说：凡事看淡一些，不牵挂，不计较，是是非非无所谓。无论失去什么，都不要失去好心情。

弘一大师说：谦退是保身第一法，安详是处世第一法，涵容是待人第一法，恬淡是养心第一法。

郑板桥题过一个“难得糊涂”的匾额，而且还解释说：“聪明难，糊涂尤难，由聪明而转入糊涂更难。放一著，退一步，当下安心，非图后来报也。”

其实，郑板桥的“难得糊涂”肯定不是指对我们应该做好的工作和事业而言，也不是指对我们应该妥善处理好的人际关系而言，而是特指在涉及我们自己的名与利方面看得淡然一些。

所以说，不计较，是一种境界。在这样一个世事纷扰、物欲横流的社会中，我们更应该让自己的内心保持淡定。内心淡定，才能真正细细品味生活的滋味。所谓“退一步，海阔天空”。

幸福是什么：一个人的幸福感决定于人的安全感与舒适度，它包括各方面的自由与幸福。

三、幸福可测量吗？

幸福是人们对客观现实生活“愉悦程度”的主观心理体验，既与客观生活条件密切相关，又集中体现个人需求和价值取向。幸福的获得是来自问题解决后的轻松，还是解决问题过程中的充实？幸福是有标准测度，还是只是我们刹那的感受？

有专家学者指出，国民幸福感是可以测度的。他们认为，幸福感是人们对自身生活满意程度的体验，是人们依据某些基准对自身生活质量进行评估的结果。幸福感具有个体性和主观性特征，是因为居民因地域、年龄、性别、习俗、受教育程度、宗教信仰等差异，而在评价标尺上通常存在明显差别。经济理论中工资与闲暇的替代关系意味着，不同处境下的人们对收入和闲暇的价值评估是截然不同的。幸福感具有社会性和客观性特征，是因为人们的财富获取状况与社会发展阶段和制度安排紧密相关，而居民的评价标尺也会受到社会标准和社会因素的显著影响。

罗素在其名著《幸福之路》中指出：幸福取决于个人心理和社会制度，通过心理调适和制度改进有助于增进国民幸福感，而要廓清国民幸福感也必定需要心理学、经济学、社会学、政治学、伦理学等诸多学科的支持。人们对幸福感的测度存在显著分歧，这种分歧可概括为“两种态度、两类方法”。“两种态度”是指围绕幸福感能否测度，有人从幸福感的主观性特征出发，认为测度幸福感是不可能的，此态度可称为“不可测度”论；但也有人强调幸福感具有客观性，只要选择恰当的方法和工具则完全可以测度幸福感，此态度可称为“可测度”论。

如果按照“可测度”论的观点，国民幸福测评应该考虑哪些维度呢?

不丹国王于 1970 年曾经明确提出了“国民幸福总值(GNH)”的概念，国民幸福总值是由经济增长、环境保护、文化发展和政府善治四大支柱组成的。如果从社会角度出发，以下五个因素在幸福感测度中都不应被忽视：

第一，经济因素。尽管有经济学家曾提出过“幸福悖论”，即收入与幸福之间存在弱相关，但收入、消费等经济因素对国民物质和精神财富的获取具有基础性作用，经济发展水平更是直接影响着国内居民的生活需要满足程度。从经济维度看，两个指标将显著地影响着国民幸福程度，一是人均真实收入，此处的人均真实收入是指“剔除”物价变动和政府税收等因素之外，能够直接转化为居民商品购买力或商品占有量的个人（或家庭）货币收入；二是国民收入分配差距，基尼系数等反映国

民收入“发散”程度的指标将直接影响到不同社会群体的幸福感受。

第二，社会因素。在体制转轨背景下，大部分中国人的幸福体验不仅取决于经济自由度的扩展，还取决于社会保障能力和社会参与能力的提升。在这个意义上，有两个社会性指标应纳入幸福感的测度体系中，一是社会保障程度，基本住房、基本医疗、基本教育、基本养老、基本就业等社会保障体系的发育状况，可以通过提供“安全阀”来稳定国民预期、减弱社会波动、增进国民幸福；二是社会组织进程，在市场化进程中，微观经济主体应能通过必要的组织载体来实现其经济社会利益。

第三，文化因素。文化以思想观念、宗教信仰、风俗习惯、道德伦理、学术成果、文学艺术、科学技术等为载体，体现了人们理解自然、认识社会、思考自我的精神框架和方法准则。文化因素有助于满足人们的物质精神需要，并调整社会成员的认知能力和价值“标尺”。在测度国民幸福感时，两类文化因素应受到重视，一是受教育程度；二是文化多样性，即在强化社会引导的同时尊重文化的多元性，促进文化的互动融合。

第四，政治因素。政治因素会通过影响经济基础而影响国民幸福，政治权益的获取和维护本身也是居民多元化需求的组成部分。一是公民与公民之间的关系，不同成员之间的利益冲突应通过机制化的疏通、协商渠道进行化解，而这种机制化设计通常以正规性法律法规为载体；二是公民与国家之间的关系，在“社会契约论”意义上，公民通过让渡部分“自由”和“财富”来获取公共产品，由此个体对政府的授权方式和监督程度将影响着国民幸福感。

第五，生态因素。生态环境是人们展开经济社会活动的支持系统，“绿水青山”本身就是社会成员幸福指数的组成部分。生态因素也应强调两个方面，一是在规模意义上，人均森林面积、人均草原面积、人均 CO_2 排放量、人均 SO_2 排放量等指标将显著影响着国民幸福感；二是在结构意义上，不同个体对生态资源的“投资”和“获取”应具有相对均等性。

当然，上述五个因素是从国民幸福感方面来谈测度的。而具体到个人，人们总是把幸福设定为一些满足物质欲望的数字指标，如20平方米的人均住房、每户1辆汽车、1万元的人均月收入、70岁的平均寿命等等，这些数字可能是幸福的测度，但并不是幸福的标准。这就好比我们用温度计只能测得温度有多高，而不能用它来提供关于温度的标准。水烫并不是因为温度计的读数是40摄氏度，40摄氏度只是测出水有多热，但不是“烫”的标准，如果“烫”的标准是70摄氏度，那么40摄氏度便是“不烫”。

同样，满足物质欲望的数字指标不是幸福的标准，最多不过是某种“幸福”的测度。如果幸福的标准需要在物质之外添加公民权利、道德修养、心灵自由的话，那么，纯物质性测度显示的便不是幸福，而是不够幸福了。

所以可以这样说，有关幸福的测度，需要物质与精神方面的诸多综合指标。

幸福是什么：幸福是走进爱的曾经，分享爱的未来。幸福是面对可能的壮烈也要静诗最后到最后一秒。

四、幸福的感受一样吗?

天空的幸福是穿一身蓝，森林的幸福是披一身绿，阳光的幸福是镶一身金黄，而我们所拥有的幸福却是五彩缤纷。

一般来说，人的本性都是追求幸福的。那么，幸福又可以怎样定义呢?其实，幸福就是获得快乐和免除痛苦。

但是也有人说:“当一个不满足的人要比当一只满足的猪要好，当不满足的苏格拉底要比当满足的傻子要好。”满足带来幸福，那么猪或傻子的满足能给猪或傻子带来幸福吗?对此有两种不同的回答:一种是感觉的，又称主观论;另一种是理智的，又称客观论。

感觉论的回答是，幸福不是哲学推理，“幸福”只是表达一种关于快乐和满足的主观感受，因此，谁感觉到自己的需要或欲望得到了满足，谁就可以说是幸福。理智论的回答是，只有按照客观的“好生活”的标准和价值所确定的那种满足，才是真正的幸福。这种幸福需要有自我意识，需要经过理性思

考，否则便不能算是幸福。

感觉论的幸福不都等于猪或傻子的幸福，因为对幸福的感受也是包含价值的。当一个人觉得他所认为是有价值的需要得到了满足，或者他的欲望合理地接近于某种价值时，即使不能用客观的“好”来衡量，他仍然可以自称幸福。

美国雪城大学哲学教授琳·麦克弗尔，在《幸福》一书中，举了五种感觉幸福者的例子：

第一种是“幸福的白痴”。他们不动大脑，也没有动大脑的需要，整天乐呵呵，吃饱喝足倒头就睡，无忧无虑无烦恼。

第二种是“幸福的瓶盖收集者”。只希望成为世界上收集瓶盖最多的人，这是他们经过思考后确立的人生目标。当他们认为已经收集了非常多的瓶盖时，会觉得非常满足而幸福。这种人包括其他“一门心思”从事专好的人。

第三种是“幸福的受骗傻子”。设想一个女人爱上了一个男人，这男人其实是个坏蛋，她受到欺骗，非但不知道上当受骗，而且觉得非常幸福。希特勒时代的许多德国人就是如此。

第四种是“幸福的不道德成功者”。他们或是像希特勒这样的独裁者，或是飞黄腾达的贪官污吏。他们并不觉得自己作恶，也没有罪恶感，他们在信众的拥戴或自己的成功中感觉到幸福。

第五种是“无可救药的理想主义者”。他们怀有某种高尚、美妙的理想，为了某种完美的正义事业，即使为之付出痛苦的代价，乃至饱受牢狱之灾，甚至丢掉性命，也还是觉得幸福。

我们对这些人所感觉到的“幸福”，往往会有颇为矛盾的直觉反应。一方面，我们会觉得这些人并不真正幸福；但另一方面，从当事人的角度来看，我们又不能说他们没有得到满足，甚至是相当程度的满足。如果我们同意“幸福是一种心理状态，如此而已，它最重要的特征是相信自己得到了自己最需要的东西，并且得到了与这种相信一致的快乐”，那么，我们便没有理由说这五种人不幸福。

然而，上述五种人的幸福都不符合人们“好生活”的标准，“好生活”要求人的全面自我实现，包括身体、心智、价值判断、成熟理性。人在肉体的本能需要之外，还有精神和心灵的需要。因此，浑浑噩噩是一种脑死状态，不切实际的理想是非理性的虚妄。所有这些，都会成为人在自我实现道路上的障碍。

其实，生活本来就有太多的诱惑，太多的追求和渴望会让原来简单纯粹的人生变的迷茫与困惑起来。幸福，好比时光老人给每个人每天 24 小时一样均等，只是因每个人的态度不同而使幸福变得不公平。悲观的人认为，幸福是那遥不可及的地平线，可望而不可及；乐观的人认为，幸福就在身边。再进一步而言，一个幸福的人不是由于他拥有的多，而是由于他计较的少，懂得发现和寻找，且具有博大的胸襟、雍容大雅的风度。很多时候，幸福就是这么简单，像野草一样蔓延疯长，像空气一样弥散于每个空间，只要你留意，得到它其实很简单。人所处的环境不同，但凡福祸相依，苦乐参半，只要从容处世，看淡得失，积极努力地发掘生活中美好的一面，幸福的感觉就会接踵而来。

幸福是什么：幸福是找到真正的平静。你大脑里总认为，理想或目标实现后，你就能平静和放松了。事实上，目标不是终点，它是新的欲望的起点，是通向新的挑战的驿站。在你身外没有真正的平静，只有你每天有段安详地做事的时间，在行动中你的内心流动着平静，才能找到真正的平静。

五、幸福的追求困难吗?

追求幸福，到底是容易还是困难?还真是难解难分。如果概而言之，可以说是“运用之妙，存乎一心”。但是，这“一心”二字，可是这个世上至难了悟之事。举凡东西方古往今来的所有根本学问，都几乎是在探究这两个字。

幸福，这是一种很复杂的情感体验，不仅仅包含单纯的欢喜和快乐，还涉及自我认同、社会关系、成就感等。然而，人们正面临一个不容争辩的事实：幸福，越来越难了。说来奇怪，现在大多数人们已经不愁吃穿，还有相当丰富的文体休闲活动，科技也高度发达，但觉得“不幸福”“不快乐”的人却越来越多了。

如今的人们对幸福依然有着与生俱来的渴望与追求。当然，没有任何一位国家首脑甚至是宗教领袖能够保证，每个人都能找到并拥有幸福。但这无碍于一代代人们对幸福的追寻。这种追寻大概是基因里携带的。而每个人种，甚至每个国家、

每种文化背景的人，其对于幸福的感受也都是不一样的。正如一位作家所说："幸福、生命的意义与快乐，这是全世界人的追求，但是，不同文化背景的人常常对有意义的或快乐的事情定义不同。"

人类似乎生来就渴望得到幸福和快乐。对早期的美国土著民而言，幸福就是他们翻越崇山峻岭、历尽千辛万苦找到的那一片肥沃的土地；对淘金热时期的美国人而言，幸福就是双手在泥泞的水中泡上三个月后筛淘出来的那一颗小金粒；对被解放的黑奴而言，幸福就是可以自由地行走在马路上、平等地坐在学校教室里；对 40 年前的科研者来说，幸福就是看着阿姆斯特朗在月球表面迈出第一步。

美国建国已经 200 多年了，建国至今，美国人一直追求充足丰盛的食物、充足的土地和矿产资源。而每个人都可能一直在努力地工作，并有大把的时间追逐自己的幸福。然而，在这个追求的过程中却有一个误区，就是都在追求建设，直到土地上没有了空间，而每个人似乎在这样的框架内工作生活。

美国开国元勋托马斯·杰斐逊在起草《独立宣言》时曾写道，生命、自由以及追求幸福是人最基本的权力。现在，美国人面临的是，如何调解先驱追求伟大梦想与当代人寻求满足和喘息之间的矛盾。

有一种观点认为，幸福的人才不会细算自己拥有的财富，他们会选择去做发明。从电灯、电报、电话到飞机、电影摄录机、手机，再到电脑、社交网站、智能手机……美国人的幸福感就来自于各种各样的创新发明。可是，到了现在，似乎所有的发明、垦荒和建设都已经被前人做完了。以前的人在院子里播种、收获果实就能觉得幸福，而现在的人却只能坐在沙发上看电视节目。

根据调查，20 世纪 70 年代，有 1/3 的美国人表示自己“非常幸福”。这个比例本来就不算高，但到了 21 世纪，仅有 1/2 的人认为自己“是乐观的”；超过 20%的人经历过情绪障碍，还有超过 30%的人有过焦虑性障碍。

甚至有人提出，现在“不幸福”恰恰就是因为前人做得太多了。你看，人类竟然是这样的认知！

倘若我们换一个角度呢？我们不说人类，还是来说个人吧。

一直以为感受幸福是件很困难的事，那是一种灯火阑珊处的境界。经过岁月的流年以后，才明白，幸福其实很简单，只要心灵有所满足、有所慰藉就是幸福。幸福其实很简单，一杯淡水，一杯清茶可以品出幸福的滋味；一朵鲜花，一片绿叶，常常可以带来幸福的气息；一间陋室，一卷书册，可以领略幸福的风景。幸福不仅在于物质的丰裕，幸福更在于精神的追求与心灵的充实，幸福是一种感受，一种意识，是柔风拂面的惬意，是玫瑰盛开的芳香，是远外掠过湖面传来的小夜曲。

体验幸福，其实很简单，你只需有一颗纯正的心灵，有懂得欣赏自然，甘于淡泊的智慧，有宠辱不惊，纵横天地的气度……不管是人类，还是个人，不都应该如此？

当然，这需要人生的高度感悟与心智的修炼。

幸福是什么：现代人将主要精力都投入到比较中去了，比权利、比职务、比房子、比车子、比外貌、比财富、比粉丝……比来比去行为扭曲了，精神不堪重负，原本纯净的心灵也只剩下了欲望，然后时不时地长叹一声“没劲”。“没劲”的潜台词就是没有幸福感。

第三篇

有关幸福的辨析

幸福是什么：同一个办公室里薪水一样的同事，有的人快乐而充满活力，而有的人为啥怨气冲冲？经济状况近似的家庭，有的家庭小孩笑容灿烂，而有的小孩一脸阴郁？区别就在于，前者常常盘算自己的福气，后者大多盘算的是自己的不如意。

也许有人会说，幸福这个东西很难说，好像是很主观的感觉，很难有统一的标准。确实是这样，每个人对幸福的理解都是不一样的。但是，你若深入地问一下，为什么会不一样？其实还是有标准的。一个人对幸福的理解，从大的方面来说，其实是体现了价值观的，在于你究竟看重什么。

古希腊哲学家亚里士多德曾经说过：幸福是我们一切行为的终极目标，我们做所有的事情其实都是手段。

对于什么是幸福，西方学术界主要有两种看法、两个派别：

一派叫做“快乐主义”。这一派认为，幸福就是快乐。但什么是快乐？快乐就是身体的无痛苦和灵魂的无烦恼。身体健康、灵魂安宁，就是快乐，就是幸福。他们还特别强调一点，人要从长远来看快乐，要理智地去寻求快乐。你不能为了追求一时的、眼前的快乐，而给自己埋下一个痛苦的祸根，结果得到的可能是更大的痛苦。

另一派叫做“完善主义”。完善主义认为，幸福就是精神上的完善，或者说道德上的完善。他们认为，人身上最高贵的部分，是人的灵魂，是人的精神。你要把这部分满足了，那才是真正的幸福。

这两派有一个共同之处，那就是都十分强调精神上的满足。物质欲望的满足本身不是快乐，物质欲望和生命本身的需要是两码事。生命需要得到满足那是一种快乐，但是超出生命

需要的那些欲望反而是造成痛苦的根源。

在中国传统文化里，我感觉，道家比较接近“快乐主义”，尤其是庄子强调生命本身的快乐，还强调精神自由的快乐，与天地精神相往来的快乐。儒家比较接近“完善主义”，儒家认为人生的理想境界、最高的享受就是道德上的完善。

也有人认为，幸福是根本不会有的。最典型的就是德国哲学家叔本华的观点。他说人是受欲望支配的，欲望就意味着匮乏，你缺什么往往就对什么有欲望，而匮乏意味着痛苦。所以，欲望没有满足的时候你是痛苦的，但是欲望满足以后，人是不是就快乐了呢？非也。欲望满足以后是无聊。叔本华说，人生就像钟摆一样，在痛苦和无聊之间摇摆，幸福是不会有的。

一、获得幸福是一种能力吗?

有人说，只有音乐才能激起人的音乐感；对于没有音乐感的耳朵来说，最美的音乐也毫无意义。对于获得幸福而言也是如此，缺乏感受和获得幸福的能力，这样的人生无疑是一种缺憾。

获得幸福，先要读懂自己

也许有不少人都觉得，幸福是一种很飘渺的东西，幸福感是一种纯粹内心的感受，是一种形而上的东西，似乎没办法用微言细语可以解释出来，只有内心的感受才是真实的。但奇怪的是，即使自己感到幸福，要向别人诉说或者分享时，总觉得说出来的多少有些变味，不再是最开始的幸福感受。甚至很多人都会有这种感觉：幸福不可以被感觉到，只有不幸才“有感”，就像自由不可以被感觉到，只有不自由才会被感觉到一

样。

因为幸福的内涵包括很多层次，那么获得幸福的能力也就会包含很多个层次。比如，幸福可以想象，那么获得幸福就是一种想象力；幸福可以自我感知，那么获得幸福就是一种感受力；幸福可以营造，那么获得幸福就是一种创造力。综合起来，不论是想象力，还是感受力，或是创造力，都是获得幸福的一种能力。也就是说，每个人都有让自己幸福的力量，也都能通过修炼使自己更加幸福。

如此说来，一个人要想获得幸福，首先就要评估自己获得幸福的能力。德国著名哲学家尼采说：“生命中最难的阶段不是没有人懂你，而是你不懂你自己。”你先要把阻挡自己获得幸福的那些致命的弱点去掉，才有获得长久幸福的可能。

有些人得意洋洋地搬进大房子，生活条件改善了，但是他们很快就开始向往更大的住房——再有一间卧室，再有一个游泳池，或者其他什么。但是从根本上说，不论我们上班开的是破旧的卡车还是豪华的轿车，不论我们患的是高血压还是哮喘病，感受幸福的能力以及变得越来越幸福的能力是不会有太大的差异的。

许多人觉得幸福是一种状态，他会这样假设：如果我有钱，如果我有份好工作，如果我结婚，我就会找到幸福。事实上，当他得到了这些，却不一定能感受到幸福。而有些似乎不具备“幸福条件”的人，却让人觉得他们是幸福的。

是的，“幸福不幸福”的确是个很复杂的事情，每个人对幸福的界定也不一样，但是我们相信，每个人生活的目的都是为了获得幸福、享受幸福。或许，大多数人都会经历“幸福饥荒”，那是因为幸福往往是可望而不可及的，但是当幸福通过练习并养成习惯时，饥荒也会变成小康。

在积极心理学的理念中，幸福就是个人的主观体验，即幸福在我心。具体地说，主观幸福感是人们根据内化了的社会标准对自己生活质量的肯定性的评估，并由此而产生积极性情感占优势的心理状态。

从这种意义上说，决定人们幸福的关键不在于发生了什么，而在于做出了什么情绪评估，即对事件反应的认知加工。所以，专家认为，对于主观幸福感而言，问题不在于怎样获得幸福，问题在于怎样看待幸福。

的确，幸福是一种能力，是自我的修炼。每个人都有让自己幸福的力量，每个人也都能通过修炼而使自己更加幸福。

有研究者指出，快乐的状态不是由社会地位和财富所决定的。有的人家境尚好，涉世甚浅，每每遇到挫折就陷于悲观，怨天尤人；而有的人家境贫寒、饱经忧患，虽备尝艰苦却乐观豁达，期盼未来。

面对生活的困境与不顺心，一个人的心态决定状态，思路决定出路。如果你已经在事前尽了全力，再纠结于过去，那就是对自己的不公平。学会接受力争不成的结果，是幸福力的重要修炼。

获得幸福，还需提高幸福能力

幸福是可以习得的，是一种心理感受。为了获得这种心理感受，你可以通过锻炼自己的心智来获得让自己感到幸福的能力。这种能力的本质不仅仅是金钱、地位、成就这么简单，如果你没有学会获得幸福的能力，这些事物给你的幸福感不能维持太久。有了这种让自己获得幸福的能力，你感到幸福的频率会越来越多，做事也会更容易成功。

那么，我们可以从哪些方面来提高获得幸福的能力呢？

一是懂得感受幸福。若想建立幸福人生，首先应改变错误的认识，不要把幸福跟物质完全等同，陷入对于金钱和物质的执著中不能自拔。不论是工作还是生活，都应该追求一种和谐之境，让自己的内心更充盈和踏实。

面对月有阴晴圆缺、人有悲欢离合的世界，坦然面对一切缺陷和不幸显然是一种了不起的能力。可以说，乐观是一种积极的认知风格，它使一个人在挫折困难时，具有 3 种积极的解释方法：一是认为挫折只是暂时的，不是长久的；二是认为挫折只是特定性的，而非稳定的；三是认为挫折多是由外部原因引起的，而非完全是内在因素导致的。

幸福能力的修炼，在于有效、积极地化解失败与失落带来的负面情绪体验，以减少对忧愁烦恼的体味。在漫漫人生中，快乐、满意、希望是常态的等待，而郁闷、愤怒、内疚只是偶尔的访客。

二是要播种一颗幸福的种子。其实，幸福与不幸福，都有其因缘关系。我们想要获得幸福人生，一方面要不种不幸之因，也就是摆脱各种造成人生不幸的因缘；另一方面还要广种幸福之因。

如果从因果的角度来看问题，人人无非都在自作自受。不仅是自己做错了事，自己承受不好的结果，自己做对了事，也要承受好的结果。总之，好坏都是自作自受，也只能是自作自受。中国有句俗话叫做“种瓜得瓜，种豆得豆”，这句话其实就是对“自作自受”最好的诠释。

明白了自作自受，就应该有所为有所不为。如果什么事情都能预料到结果，就得为自己的后果负责。凡是有好结果的事就值得去做，明知做了也没有什么好下场的事还是要去做的话那也只能让他去自作自受了。

所以，任何“平时不烧香，临时抱佛脚”的人不必对他人期望太大，也不必抱怨他人，先想想自己做得怎么样吧！养兵千日，用兵一时。哲人说“你希望别人对你怎么样，你首先必须对别人怎么样”，这句话其实与“自作自受”有着同工异曲之妙。现代企业流行一句警示语说“今天不努力工作，明天努力找工作”，古语说“一着不慎，满盘皆输”，说的都是同样的道理。

三是提升心智水平。人除了物质生活，还要有充实的精神生活，精神充实才是真正的富贵，精神上的满足才是真正的幸福。

现代心理学理论告诉我们，人都具有“庸人自扰”的本

性：对于攸关自身之事做过多的无谓思考，是困扰自身的主要原因。更要命的是，人的这种“能力”不需要有事实依据，但凭想象就可以了。假使内心起了烦恼，那么即使在社会上很有地位、财富，生活也是空虚的。如果心中颠倒梦想，高楼大厦无异于监狱，美味佳肴也是毒药。

当物质问题解决以后，物质就不可能再持续性地给人们带来幸福感，精神上的财富就显得更为重要。从目前的现状来看，精神粮食的欠缺，必将引起幸福的严重缺失。

人有精神，牛马有精神，一切生命都有精神，没有精神的生命是不存在的。精神品质有高有低，人是地球上最智慧的高级生命。所以，人要百倍、千倍、万倍地珍惜自己的智慧和精神，时刻修正自己的内心，在物质的索取中知足，在精神和心态方面的提升要知不足。

这个知足与不知足，就是获得幸福能力的辩证法。

幸福是什么：真正心满意足的人忠于自己的工作，在工作时精力充沛，并且用一种轻松平和的精神去对待一切结果。在努力中得到认可，当你得到别人认可的时候，你就会产生莫名的喜悦和幸福！

二、不用学习和工作也能幸福?

真正的幸福包含了一个人能力与天资的完全运用。学习可提高天资，工作可提升能力。即便不需要学习和工作就能生活，但如果不找些事情做，终日无所事事，这样的人生无疑是乏味的!

无所事事的代价

在今天这个人心浮躁、拜金主义横行的时代，还真的有人梦想着无所事事的生活，不用学习，不用工作，饭来张口，衣来伸手。当然，这对于绝大多数人来说是不现实的。如果不说现实不现实，只说幸福不幸福，又会怎么样呢?

比如，一个年轻人喜欢跟美眉聊天，喜欢无节制地上网玩游戏，喜欢喝酒，喜欢不干活只花钱，喜欢没事瞎侃，喜欢做不切合实际的美梦，还喜欢早上睡懒觉，喜欢不劳而获……这些喜欢看上去都很自由无拘束，因为他不用力气，无需努力。但是，这些能给人带来什么？价值观还是成就感？既不能带给自己谋生的手段，也不能带给自己养家的本事，更谈不上用这些建立自己的事业。

这是指不劳而获的人，那么对于生活富足的人又会如何呢？

有一位医生，生活富足，在50岁时宣布退休，带领全家移民美国，他从此每天参与自己最喜爱的两样休闲活动：打高尔夫球与钓鱼。一年后，出乎意料，他又回到原来的地方继续做执业医生。朋友们都很奇怪，问他为什么这样，这位医生诚实地说："打高尔夫球与钓鱼连续一个月就烦了，没有工作形同坐牢，后来我在美国跟许多移民一样，成了'三等人'。""何谓'三等人'呢？"他的朋友们问道。这位医生苦笑道："首先是等吃饭，吃完饭之后是等打牌，打完牌之后就是等死了。这样'等'了一年，实在受不了，只好回来再就业了。"

故事向我们传递了一个观念：有事做的人不辛苦，无事可做才无聊。

看来，无所事事不是事，不学习不工作短期看很自由，无拘束，但一定会空虚。很多人抱怨没完没了的事情让生活变得疲于奔命、痛苦不堪，但是真的失去做事的机会之后，又总是惶恐不安。这种惶恐不安往往是一种空虚、无聊所造成的恐惧。

爱尔兰作家巴克莱说过："幸福有三个不可或缺的因素，一是有希望，二是有事做，三是有人爱。"有事做正是使我们幸福的一个不可或缺的要素。当一个人全身心地沉浸在自己所热爱的事情之中时，就会感到前所未有的兴奋与满足，这就是一种幸福。

有事做不辛苦，没事做才十分辛苦。当一个人没事做时，整天昏昏沉沉、浑浑噩噩、无所事事，身体虽然很清闲，但内心却十分焦虑，难得安宁。

人生最要紧的两件事情是：第一，守好自己的命，为自己的生命负责；第二，守好自己的心，让自己的心安宁自在。而只有多做事、用心做事才能获得心安。因为心是改变人生状态的原动力，用心做事不需要劳力费神，并且还可以为我们的心灵除尘。

我们都需要成长

有些人把学习和工作当作一件苦差事，原因是没搞清楚究竟是为谁学习和工作。大部分的学生从小习得的理念是，父母要成绩，读书是读给父母的；工作领薪水，工作是给老板卖命的。所以，明明是一件跟自己有关跟别人无关的事，愣是改了观念，变成了纯粹替别人做。人性的弱点使得人一旦在观念上认为是给别人做，就会有了心不甘情不愿的心理倾向。

一个人如果按照自己的内部动机去行动，那么这个人就是主人。如果驱使我们的是外部动机，我们就会被外部因素所左右，成为它的奴隶。

学习是一个过程，就像一个人要想长大，就要吃饭一样。

通过学习，我们知道了前人的历史、前人的成就、前人的情感和困惑；通过学习，我们懂得了体会，懂得了分析，懂得了思索；既学知识，也学做人；在学习中，我们一天天成长。成长意味着什么？意味着实现个人的价值。而工作就是一种实现价值的途径。

说起人为什么要工作，大概最糟糕的答案就是“因为我不得不工作”。其实更糟糕的是，有为数不少的人正抱着这个糟糕的不得已的态度去工作，以至于自己的生活质量出现了问题还不知道为什么。

哈佛大学的教授麦考比说：“工作可以把我们和现实世界连接在一起，证明我们的想法、我们的梦想是否真的有意义；在工作岗位上，我们善用天赋、驾驭冲动。人不能离群索居，所以我们要有被需要的感觉，想要拥有这份感觉首先要获得别人的肯定。我认为我们的尊严和自我价值，一部分要靠别人对我们工作表现的认知与肯定。无论收入高低，工作带给我们的是成就感和生活的保障。更重要的是，它能提升我们自我价值的认同感。所以我们要工作，要在工作中不断完善自我。”

人无论活到哪个年龄段，无论学习了多少，如果没有一个可以令自己不断发展，实现价值的工作，人生也是有缺憾的。

如今，已经有人推崇“慢生活”了。一些人看到的那些惬意、闲适、无拘无束、不受金钱困扰的慢生活，我认为其实都是人生给予自律过后的奖赏，是那些人在用心学习过、不断工作着、努力提升过后的一种外在表现。先做出成绩，然后才坐享。

大家都知道好利来总裁罗红，经常开着私人飞机去非洲、去南极拍摄。假如他不是靠扎实的知识和能力做出好利来这块蛋糕，他怎么有闲有钱去享受自己的生活？他通过自己的镜头呼吁人类要保护大自然，保护野生动物，做着有价值的事情，收获快乐的同时也收获幸福。

所以，一个人想要幸福，学习和工作是前提。没有知识的积累，哪有心智的提升？没有工作的寄托，哪有奋斗的激情？如果既没有激情工作也没有学习的动力，人无疑会陷入自我混沌状态，看不到未来，更看不到幸福。

没错，学习是件严肃的事，工作是件快乐的事，幸福是件永久的事。先把严肃的事认真对待，才能收获快乐的工作和事业，进而体验到幸福的人生。

幸福是什么：英国哲学家休谟说："一切人类努力的伟大目标在于获得幸福。"萨缪尔森曾经开出一个幸福方程式：幸福＝满足÷欲求。也就是说，幸福与满足程度成正比，与个体的欲求成反比。

三、愉悦、满足和幸福有区别吗？

按照百度百科的解释，愉悦泛指开心、快乐，达到一种身心放松状态。满足指对某一事物感到已经足够。可以分为精神、物质两方面。就幸福而言，“幸”为精神生活的满足感，“福”为物质生活的满足感。幸福是一种持续时间较长的对生活的满足和感到生活有巨大乐趣并自然而然地希望持续久远的愉快心情。

谈及愉悦、满足和幸福，三者都属于人类精神层面的感受，都具有对生活向好的一面，我们希望持续的处于这个状态。然而，细细地分析之后便能发现它们也有不同之处。我认为，幸福，强调的是对精神和物质生活的满足；愉悦，强调的是人本身对外部的事物不反感，感觉舒适；满足，则是介于这两者之间，既不是单纯简单的短暂快乐，也不是幸福那样长久的持续，而是一种一段时间内的知足状态。

在英文里，“幸福”和“愉悦或快乐”是作为一个词来使用。我认为，“幸福”和“愉悦”以及“满足”的含义还是有区别的。比如一个家庭，上有身体安泰的老人，下有咿呀学语的宝宝，一家几代人其乐融融，或是新郎新娘举行的一场甜蜜婚礼，用“幸福”一词来形容似乎更贴切，虽然其中也包含了愉悦和满足。但不能单纯用“愉悦”和“满足”来形容。当一个人踢赢了一场足球比赛，就会有一种快乐的感觉，而不宜用“幸福”来形容。再比如，一个失业了很久的人忽然得到一份工作，老板开出的薪水正符合他的心理预期，那他的当下的生活状态一定是“满足”了。

幸福包括满足和愉悦，但愉悦和满足不一定是幸福。通常情况下，幸福是在渴求不断地积累后得到满足时的精神愉悦的感觉。愉悦则是在没有或者很少的渴望积累的情况下，获得满足时的愉快感觉。

愉悦是当下的一种感觉，可能瞬间过后，又会陷入不快乐。满足则是当一个人的物质需要都达到理想的状态时，他就会满足，但不一定就是幸福。当一个人的物质得到满足，并且精神层次不再考虑自己还有什么不满足时，那才是幸福。满足是相对的，说明还有未满足的，只是你现在没想到而已；但是，幸福就是你已经不再为这些个问题而烦恼的时候。

当然，幸福要建立在满足之上，而愉悦仅等于不痛苦。这样看来，幸福的程度一下子就高出了愉悦。

相对愉悦和满足而言，幸福是最不容易获得的；相对幸福而言，愉悦和一时的满足是较容易获得的。

不论是愉悦还是满足感，都是通往幸福的前提。对一件事

物的看法和心态，首先体现在是否让自己心灵愉悦，进而产生满足感。

经济学家保罗·萨缪尔森认为，幸福是心理期望状态与现实生活状态的比较，幸福感类似于个体的满足感，当个体对现实生活感到满足时，他就能够体验到幸福感。当个体对现实生活不满足时，他很难体验到幸福。因此，个体心理期望值越接近现实生活，他越能够体验到幸福感；反之，个体心理期望值与现实生活状态差距越大，他就越难以体验到幸福感。

有人也许会质疑，幸福真的只是内心的满足吗？外部刺激难道不能带来幸福吗？我认为，外在刺激当然可以强化幸福感，但是如果没有内心的满足，再多的刺激也无法为你带来幸福。这就像针灸能够治病，如果没有点到穴位上，即使是满身扎满银针也难以收到疗效。

而愉悦正是一种积极心态的外在反应。快乐是心理层面的概念，是一种积极的心态，凡事都往好处想的心态，快乐的人活得轻松、阳光、是个“乐天派”。积极心态的人，对一件事上感受愉悦的频率，会比消极心态的来得快也收获得多。对于一个能使自己不断愉悦的事情，满足感也会增强，从而带动了幸福感的产生。

研究表明，人们内心的愉悦程度影响人们对幸福的感知，调整心理感受能够使人们更容易知足和满足，因此调整心理预期或强化内心愉悦感被人们作为提升幸福感的重要途径或方法。只有愉悦感才有满足感，也才能走向幸福感；反之，不快乐，不满足，就可能降低幸福感觉。

人生最难得者，乃知足常乐。在五色纷呈的世界中，我们可以品味生活中的点滴。不贪于富贵，不轻视贫贱，就会获得心灵的宁静。生活是涓涓的流水，我们是生命河畔的行者，顺流从之抑或逆流溯之，生活中的我们必然时常惊诧于那水边的珍珠、感叹那河中的礁石。生活中，知足常乐，属于你的珍珠只会为你发光，不属于你的礁石也不会阻碍你的前行，从生活中的点滴学会知足常乐，心灵就会宁静。

知足常乐，你可以感动于生活中的点滴。什么样的爱才打动人心？答曰：最平凡的爱。感动，不必乞求于惊天地、泣鬼神的豪迈，只求源自生活中的最平凡的感动，这就是知足常乐。当两眼昏花的母亲为远航的游子缝补衣服，当灾区的人们听得到句句问候的话语，当夜深人静走过灯光依旧的老师的窗前……太多太多的点滴让我们感动。因此，知足常乐，感动源自生活。

知足常乐，我们不乞求获得太多。正如大海上捕鱼的渔夫，过度的贪婪只会造成人格的卑贱。知足常乐，我们自然会在生活中寻找到更多的幸福与快乐。

幸福是什么：马斯洛的需求层次理论中，人较难的是第二层次，找到安全感。准确说应该是安全的依附感。正常状态下依附感主要是安全型、因不安而逃避型、因不安而焦虑型三种。运用呼吸冥想，多静观自己的内在状态（非情绪），能实现安全型的依附感。

四、马斯洛理论与幸福有关系吗?

人生需求是分层次的。一般来说，需求层次应该由低到高，一个层次一个层次地上升；但是也不尽然，不仅可以几个层次一起来满足，也可以“隔着锅台上炕”，直达人生真谛之堂。

六个需求层次理论

作为美国著名的社会心理学家，马斯洛提出了著名的人类需求层次理论。他一开始提出的是五个层次的需求，即生理需求、安全需求、爱与归属需求、尊重需求和自我实现需求。

1959 年以后，马斯洛越来越多地涉及东方的观点。对东方文化的研究促使马斯洛反思他自己已经创建的人性观，结合对自我实现的人的精神生活与行为方式的深入研究，他发现人类天性中还有一种固有的精神维度，那就是作为最高需要层次的精神的自我实现或超越的自我实现。这样，马斯洛需求层次理论就由五个层次发展为六个层次。

需求层次理论是解释人格的重要理论，也是解释动机的重要理论。其提出个体成长的内在动力是动机。而动机是由多种不同层次与性质的需求所组成的，而各种需求间有高低层次与顺序之分，每个层次的需求与满足的程度，将决定个体的人格发展境界。

第一个层次：生理上的需求。

人对食物、水、空气、住房和穿着等需求都是生理需求，这类需求的级别最低。人们在转向较高层次的需求之前，总是尽力满足这类需求。一个人在饥饿时不会对其他任何事物感兴趣，他的主要动力是得到食物。为此，生活的目的被看成填饱肚子。当基本的生活需要得到满足后，生理需要就不再是推动人们工作的最强烈的动力，取而代之的是安全需要。

第二个层次：安全上的需求。

安全需求包括对人身安全、生活稳定以及免遭痛苦、威胁或疾病等的需求。和生理需求一样，在安全需求没有得到满足之前，除了生理需求，人们最关心的就是这种需求。如生命安全、劳动安全、良好的社会安全。

第三个层次：爱与归属需求。

爱与归属需求即社交上的需求，包括友谊、爱情、归属、信任与接纳的需要。马斯洛认为，人是一种社会性动物，这一层次是与前面两个需求层次截然不同的另一层次。随着经济的快速发展，人民生活水平的提高，这一需求的表现越来越明显。人们的生活和工作都不是独立进行的，经常会与他人接触，因此人们需要有社会交往、良好的人际关系、人与人之间的感情和爱，在组织中能得到他人的接纳与信任。

第四个层次：尊重上的需求。

尊重需求既包括对成就或自我价值的个人感觉，也包括他人对自己的认可与尊重。有尊重需求的人希望别人按照他们的实际形象来接受他们，并认为他们有能力，他们关心的是成就、名声、地位和晋升机会。这是由于别人认识到他们的才能而得到的。当他们得到这些时，不仅赢得了人们的尊重，同时就其内心因对自己价值的满足而充满自信。它包括自尊和受到别人尊重两方面。自尊是指自己的自尊心，工作努力不甘落后，有充分的自信心，获得成就后的自豪感。受人尊重是指自己的工作成绩、社会地位能得到他人的认可。这一需要可概括为自尊心、自信心、威望、地位等方面的需要。

第五个层次：自我实现上的需求。

自我实现上的需求，是指个人成长与发展，发挥自身潜能、实现理想的需要。随着上述生理、安全、社交、尊重四种需求的满足，人们开始寻找生活的乐趣和学习更多的知识，尽量地享受工作外的精神生活。欲达到自我实现境界的人，主要表现在工作学习和对生活的追求。

第六个层次：超越自我上的需求。

晚年的马斯洛感到五层需求的层次架构不够完整，其中的“自我实现”并不能成为人的终极目标。他愈来愈意识到，一味强调自我实现的层次，会导向不健康的个人主义，甚至于自我中心的倾向。他说过："缺乏个人超越的层面，我们会生病……我们需要'比我们更大的'东西……人们需要超越自我实现，人们需要超越自我。"

马斯洛试用不同的字眼来描述第六种需求，例如超个人、超越、灵性、超人性、超越自我、神秘的、有道的、超人本（不再以人类为中心，而以宇宙为中心）、天人合一等等，马斯洛将"高峰经验"及"高原经验"放在这一层次上。

马斯洛在晚年认识到，不能以他的需求理论中的"自我实现"为人的终极目标，并进行了修改补充。由此看来，如果我们只是专注他早期的需求理论不放，必然导致对人性的盲目认识，助长人的骄傲的同时把人真正的价值贬低，也必然影响对于人自我超越的误解！

需求层次理论与幸福

马斯洛先是将需要区分为缺失性的和成长性的。

前四种即"生理需求、安全需求、爱与归属需求和尊重需求"是缺失性的，缺失性需要起源于实际的或感知到的环境或自我的缺乏。个体会努力从环境中寻求能使其需要得以满足的东西，无论是物质上的、人际关系的，还是社会地位的。这些需要的满足，完全依赖于外界。第五种"自我实现需求"则是成长性的，成长是导致自我实现的种种过程。成长性动机就是被自我实现的趋向所激发的动机。

至于第六种，则是"超越自我"的。马斯洛说："超个人心理学是以宇宙为中心，而不只注意人性需求或兴趣而已，它超越人性、自我及自我实现等观念……这一新的发展趋势很可能为日渐消沉的人们，尤其是年轻的一代‘受挫的理想主义者’提供一具体有用又有效的答复……缺乏超越的及超个人的层面，我们会生病、会变得残暴、空虚，或无望，或冷漠。我们需要‘比我们更大的’东西，激发出敬畏之情，重新以一种自然主义的，经验性的、与教会无关的奉献自己。”

下面，我们来简析一下马斯洛六大需求对应幸福的几个维度。

幸福维度一：获取。

从外在事物满足自己的内驱力和需求，给自己带来很大的快乐，如：买到漂亮的衣服，能住上属于自己的房子，能解决日常食物的享受，可实现娱乐消遣等。对应生理需求。

幸福维度二：关系。

人是群居性动物，几乎没有一个人能离开家庭、团体、组织独立生活，而良好的人际关系能为我们带来源源不断的幸福感。对应社交需求。

幸福维度三：意义。

感到自己在做的事情很有价值和意义，完成了很有成就感的事情，成功挑战自我，得到重视和认可等。这种价值感和意义感可以让人舍己付出，忘却痛苦，甚至牺牲生命，如：成就他人、助人自助，慈善公益，造福人类，拯救世界，献身就义等等。对应尊重需求。

幸福维度四：心念。

活在当下，非常专注、投入的做一件事情所产生的与事物融合的感觉，此时时间就像消失了一样，完全享受此时此刻的感受，如：专注的工作，投入的运动，高兴的游戏等等会让人产生忘我的愉悦感。对应自我实现的需求。

幸福维度五：成就。

当我们成功克服困难，成功穿越挑战的时候，我们会有很大的成就感，而当我们实现我们心中最有价值、最有意义的事情的时候，我们更有无比的成就感，这种成就感将是高级幸福感无比的源泉。对应自我实现的需求。

幸福维度六：超越。

马斯洛发现，超越者不仅存在于宗教界人士、诗人、知识界人士、音乐家之中，而且也存在于企业家、事业家、经理、教育家、政界人物中。他详细访谈和观察过三四十人，对另外一二百人也进行了一般的交谈和研究。

马斯洛认为，刻意去寻找高峰体验是徒劳无益的。自我超越者的精神生活不是由无止境的一系列强烈的、高度兴奋的高峰体验所构成。尽管自我超越的生活包含时而经历到的高峰体验，但它更多地是由日常生活中的神圣感所构成。在日常生活中体验到的神圣的平和与宁静，马斯洛称为“高原体验”，以区别于高峰体验，高原体验在自我实现者的生活中也占有重要地位。

总之，马斯洛提出人的需要有一个从低级向高级发展的过程，这在某种程度上是符合人类需要发展的一般规律的。一个人从出生到成年，其需要的发展过程，基本上是按照马斯洛提出的需要层次进行的。而多数人的幸福观跟这个需要层次脱不了关系。

马斯洛的需要层次理论指出了人在每一个时期，都有一种需要占主导地位，而其他需要处于从属地位。这一点对于不同的人有不同的启发意义，应舍弃最没有价值的，积极应对最有价值的。

我要特别强调的是，如果人生就像马斯洛理论宣称的那样，只有满足了层层递近的需求才幸福的话，追求幸福无疑成了“爬梯子”。我认为，人生更应该是万花筒，不同层次的需求都可以像个万花筒中的一个格子。一生中，可以不断地往每个隔间放入一些色彩斑斓的玻璃碎片（即我们追求并实现的一个个小目标），从而使属于自己的万花筒图案越来越丰富多彩。

对于那些“朝圣者”而言，他们的需求也不是以普通的层次来划分，但绝不能否定他们的幸福。那是一种信仰的力量，无需鼓动，也不必召唤，完全出于对信仰的自觉追随。这信仰的力量，让他们忘记艰难困苦，把生命交给万水千山间的长路；让他们抛弃红尘杂俗，把梦想一再地定在一个高度；让他们超越凡胎肉身，把灵魂敬奉于圣殿的肃穆。用自己的身躯，用自己的灵魂，一步步接近圣地，接近天堂。

幸福是什么：每个人都想成功又幸福，可是对于成功的追求成了一系列无止境的目标，总设想下一个成功能满足自己，于是追赶一个接一个的目标，最终让自己厌倦。活在当下，才是最真实的目标。

五、努力了一定幸福吗？

有些幸福，需要努力争取才能获得；有些幸福，则需要努力放下才能获得。

有人说，成功要排名次，但幸福却从不排名次。

这是说成功一般来说是有区别的。比如做企业，要看企业的大小强弱，要看企业的销售利润；比如体育比赛，要看成绩，看名次。所以，成功必须排名次。

而幸福可以有各种各样的表现方式，每个人都可以有自己对幸福的理解，大人物可以有自己的幸福，小人物也可以有自己的幸福，明星大腕可以把风光无限视为幸福，升斗小民也可以把无忧无虑视为幸福。

19 世纪俄国的世界级短篇小说巨匠契诃夫有句名言："小狗不应该因为有大狗的存在而慌乱不安，所有的狗都应该大声叫——就按上帝给的嗓门大声叫好了！"没错，大狗可以叫，小狗也可以叫。说到头来，幸福也不过是个人的感受而已。

当然，在追求成功的过程中，在取得成功的时候，我们会获得幸福感。因为我们的努力取得了成果，我们的人生价值获得了体现。

那么，幸福跟努力又是什么关系呢？换句话说，努力了就一定会幸福吗？

有人会认为，人生在世，努力就会有幸福，不努力又哪里来的幸福？

如果按照马斯洛的需求层次理论，前四种即生理、安全、爱与归属、受尊重的需求，是属于缺失性的需求。而缺失性的需求，起源于实际的或感知到的环境或自我的缺乏。个体会努力从环境中寻求能使其需要得以满足的东西，无论是物质上的、人际关系的，还是社会地位的。这些需要的满足，完全依赖于外界。所以，个人努力在满足这些需求方面，显然会起到作用。也就是说，经由个人努力可以获得这些需求，进而获得幸福感。

而第五种自我实现，则是成长性的需求。成长是导致自我实现的种种过程，成长性动机就是被自我实现的趋向所激发的动机。自我实现的需求，当然也需要经由个人努力来获得。那么，自我实现的幸福感，也跟个人努力直接相关。

但是，至于第六种，则是超越自我的需求。平心而论，西方心理学特别强调积极的要素，包括投注于认识自我的探究和能量。可惜的是，西方世界却缺乏对互补要素——比如专注和宁静——的认识。没有培养专注和宁静，心灵的力量就会受到局限，认识的广度也仅止于较小的范畴。

中国当代著名哲学家、教育家冯友兰先生曾经认为：西方的学问喜欢做加法，学术体系越做越庞大，学问越做越多；而东方的学问喜欢做减法，学问越做越少，最后归于道。

老子在《道德经》中就说："为学日益，为道日损。"意思是说，做学问讲究日积月累，每天都有所增加；而修道则是每天都要修掉一些缺点毛病，使各种各样的执著心越来越少，直至归零。

作为深谙中国传统文化根本的富豪李嘉诚，他给自己预写的墓志铭是："建立自我，追求无我。"看看功成名就的李嘉诚，还会站在电梯口，恭候一些晚辈的来访，每天还早起晚归地工作 10 来个小时，就知道他是真正懂得如何在保持自我和追求无我中保持一种自然的平衡：自信而不倨傲，谦逊中有坚持。

正如李嘉诚所言，"建立自我，能让个人梦想成真；追求无我，能让更大的理想成真"。灵性的成长有两个并行的任务，一个是发现无我，另一个是发展健康的自我感，探索真我的意义。表面上这两者相互矛盾，但两者都必须实现，我们才有机会觉醒。

幸福是什么：幸福是接受"这样"的心智模式。获得的已经得到；懂得的已经懂了；放弃的已经放下；走的就走；失去的就错过……

第四篇

幸福的心智，让一切顺理成章

幸福是什么：幸福是尊重每个人的差异性。一生中会遇见各色人等，让你喜的忧的、乐的痛的、满意的不满的、有益的无益的……都要用放下的心态去尊重去接受个性差异，至少别人让你的生命旅程丰富多彩了。何况你也是别人遇见的形形色色人群中的一类，或好或坏。在这些人中，有人助你成功，有人为你的成功喝彩，你也助别人成功。

春秋末年，有一位著名的政治家、军事家和实业家范蠡，后人尊称“商圣”。他三次经商成巨富，三散家财，自号陶朱公，被称为我国“儒商鼻祖”。

范蠡曾经戮力辅佐越王勾践，终于使得越国复兴。胜利后，越王封范蠡为上将军。可范蠡知道勾践的为人“可共患难不能共富贵”，于是就辞书一封，放弃高官厚禄，只装少量珠宝，乘舟远行，一去不返。

范蠡辞去上将军后，到了齐国，更名改姓，耕于海畔，没有几年就积产数十万。齐国人仰慕他的贤能，请他做宰相。范蠡感叹道：“居家则至千金，居官则至卿相，此布衣之极也。久受尊名，不祥。”于是归还宰相印，将家财分给乡邻，再次隐去。

行至陶地，范蠡看到此地为贸易要道，可以据此致富。于是，他自称陶朱公，留在此地，根据时机进行物品贸易，时间不长，就累积万万。

史学家司马迁称：“范蠡三迁皆有荣名。”史书中有语概括其平生，“与时逐而不责于人”；世人誉之：“忠以为国，智以保身，商以致富，成名天下。”

这位范蠡先生为什么如此厉害呢？大家能够看到的，更多的都是表面现象。一般人认为，好像范蠡一想发财结果就能够发财了。其实根本不是这么一回事。我们认为，范蠡先生的成功，皆赖于他的心智。正是因为他首先把自己的心智修养成功了，才有看上去想成功就成功的事实。如果没有成功的心智，自然就没有成功的结果。即便侥幸成功，误打误撞地发了财，最终不是守不住，就是引发灾难。另外也可以这样说，有成功的心智，必有成功的事业。那么，什么样的人才会有成功的心智呢？显然应该是大德之人。《中庸》上说："故大德必得其位，必得其禄，必得其名，必得其寿。"同样，有幸福的心智，也必有幸福的人生。因为具备幸福的心智，就可以让人生中的一切都能顺理成章。

一、成功没有你想象的那么难

为什么那么多人追求成功，而成功者却寥寥可数呢？调查结果发现，竟然有98%的人工作不快乐，只有2%的人能堪为成功者，那是因为成功的人通常都非常热爱他们的工作，而且工作时他们都很快乐。

莫将成功妖魔化

很多人都认为幸福与成功息息相关，甚至认为没有成功就没有幸福。也就是说，成功是因，幸福是果。其实，我们的认知恰恰相反：幸福是因，成功才是果。或者说，先搞明白人生幸福是怎么一回事，然后成功就成为了顺理成章的事情。

也许有的人并不认同这个观点，那我们不妨先来看一段故事。

1965年，一位韩国学生到剑桥大学主修心理学。每到下

午茶时间，他常到学校的咖啡厅或茶座听一些成功人士聊天。这些成功人士包括诺贝尔奖获得者，一些领域的学术权威，还有一些创造了经济神话的人等等。这些人幽默风趣，举重若轻，他们把自己的成功都看得非常自然和顺理成章。时间长了，这个学生发现，在韩国国内时，他被一些成功人士欺骗了。那些人为了让正在创业的人知难而退，普遍把自己创业的艰辛夸大了，也就是说，他们在用自己的成功经历吓唬那些还没有取得成功的人。

作为心理系的学生，他认为很有必要对韩国成功人士的心态加以研究。1970 年，他把《成功并不像你想象的那么难》作为毕业论文，提交给现代经济心理学的创始人威尔·布雷登教授。布雷登教授读后，大为惊喜，他认为这是个新发现，这种现象虽然在东方甚至在世界各地普遍存在，但此前还没有一个人大胆地提出来并加以研究。布雷登教授在惊喜之余，写信给自己的剑桥校友——当时正坐在韩国政坛第一把交椅上的人——朴正熙。他在信中说："我不敢说这部著作对你有多大的帮助，但我敢肯定它比你的任何一个政令都能产生震动。"

正如威尔·布雷登所料想的，后来这本书果然伴随着韩国的经济起飞了。这本书鼓舞了许多人，因为它从一个新的角度告诉人们，成功与"劳其筋骨，饿其体肤"、"三更灯火五更鸡"、"头悬梁，锥刺股"没有必然的联系。只要你对某一事业感兴趣，长久地坚持下去就会成功，因为上帝赋予你的时间和智慧够你圆满做完一件事情。后来，这位青年也获得了成功，他成了韩国泛业汽车公司的总裁。

有一个流传甚广的说法是，任何一个智力中常的人，只要通过6个月的时间进行学习（当然是指在6个月中进行集中学习），几乎就能在任何领域中取得中流以上的水平。

还有一个著名的“一万小时”理论。此种理论认为：“了解异类还不够，我们的目标是成为异类！”不论哪种人，“永远不会太迟”的说法永远不会过时。意思是，无论任何人，无论任何时候，只要有1万个小时可以利用，就都可以成为杰出人物。

“一万小时”理论认为，才能不是上天所赐，因为科学完全不能定位才能的基因，它也无法解密一些更引人入胜和实用性的东西。这一理论是由20世纪70年代的心理学家们提出的，他们认为所有的世界级专家（从作曲家、外科医生到足球运动员），都需经历1万个小时的刻苦练习。“一万小时”法则的关键之处在于，没有例外之人。当然，经历1万个小时的刻苦练习后，那一定是世界级的大师了。

总之，不论是哪一种成功，其实只要假以时日，都一定会水到渠成。那么，为什么现实中的成功者却是凤毛麟角呢？我们说，就是因为绝大多数人的心态不对。尤其是在当今这个物欲横流、人心浮躁的社会里，人们都梦想立竿见影、拔苗助长，没有几个人愿意以一份平常心来做事情，动作变形导致失败、欲速则不达的例子当然比比皆是了。

怎样看待成功学

按照百度百科的解释，达到或实现某种价值尺度的事情或事件，从而获得预期结果，就叫做成功。

很早以前，为了引导人们取得成功，竟然诞生了一门“成功学”。美国人戴尔·卡耐基可以被称为最早的成功学大师，也被称为人生导师。成功学自卡耐基之后，就成为了现代成人教育的一个重要内容。戴尔·卡耐基以成功学，获得了个人的成功。

那么，为什么戴尔·卡耐基的成功学会风靡世界、大行其道呢？显然也有其原因。

最重要的原因之一，就是现代学校教育的缺陷。全民义务教育由西方社会诞生，并推广普及到全世界，它的形态就是如今的学校教育系统。义务教育从一开始就有一个鲜明的特点：传授知识，培养科学人才。例如，早期义务教育成果斐然的德国，在很短的时间里，科学人才大量涌现，国内科技水平大步提高，整个国家的实力也获得迅速提升。由此，我们看到了义务教育的明显倾向，即实用主义和功利主义，它的目的主要不是受教育的学生，而是国家的总体竞争力。换句话说，建立在义务教育基础上的国家教育系统，更强调知识体系、学科建设，对于受教育的人来说，更注重技能教育，而不注重教育学生如何做人这样的人生教育。卡耐基成功学的出现，就是对这一国家教育体系缺陷的弥补。

因此，我们就看到卡耐基成功学的一个重要内容，即如何做人，如何与他人交往，如何形成良好的人际关系等等。

卡耐基成功学被广泛接受的另一个社会背景是，在他的那个年代，美国正处于最兴旺的历史发展时期，正处于难得的历史上升期，各个社会领域，成功的机会比比皆是，社会现实与成功学的人生教育互相呼应。虽然我们无法准确判断，两者究竟谁是因谁是果，但至少它们的确同时出现，从而迎合了社会大众的某个普遍心理。

但是，由此也带来了成功学的一个悖论：人人都能成功吗？面对这样一个悖论，我们首先感到疑惑的是，在成功学范畴中，究竟什么是成功？卡耐基作为成人教育的成功学，离开了人生教育这一块，一旦落实到“成功”的具体内涵，立即就显得含含糊糊。

在卡耐基的年代，“成功”似乎还可以勉为其难地说成是：自己设立目标，然后实现这个目标。因为在那个年代，美国社会的确还有很多新兴的领域亟待发展，这个说法还能得到一些印证。在卡耐基之后，所谓“成功”日益集中地指向唯一的东西，那就是发财。其实，这种特点在卡耐基时代已经出现。卡耐基时代“实现个人目标”的成功，可以是当上了作家、画家、企业家、律师、医生等等，都算实现了个人目标。但事实上，它们只是发财的不同手段而已。卡耐基时代成功手段的多样化，掩盖了发财这一共同的本质。而卡耐基时代过去后，这个本质日益凸现在成功学的第一线。那么，人人都发财的成功，可能吗？

可以说，现代国家教育内容中，人生教育内容的缺乏或者失效，是成功学兴旺的关键。但是，成功学在人生教育领域向人们提供的内容，实在是非常肤浅，在中国历史悠久的传统文化方面，尤其是儒家文化面前，现代成功学在人生教育方面充其量只能算一个预科班的入门。成功学刺激了现代社会的人们产生人人发财的欲望，而事实上，它是不可能实现的。

在西方社会，有一类人几乎不需要卡耐基之类的人生教育，这类人就是犹太人。犹太人几乎不需要这类所谓的成功学教育，因为这些内容早在犹太人的童年或幼年，已经由父母、家庭、社区等共同完成了。

由此我们也能看到，人生教育本来应该在人生启蒙阶段完成，例如中国的“蒙学”，而现代社会，由于学校教育的严重倾斜，人生教育的内容，不得不变成成功学的成人教育，等于是给成年人补一补早该完成的最基础的课。西方社会是没有办法，对于中国来说，又何必彻底毁掉传统的人生教育呢？如今，复旦大学教授、“百家讲坛”主讲人钱文忠在讲《三字经》时就曾经说，曾几何时，中国社会小孩子的必读课，哪里用得着一个大学教授向成年人来讲这个人生入门的内容？

中国人真正要解决人生教育问题，更应该是让自己的传统与现实结合，使传统的人生教育在现代社会重新焕发生机，而不仅仅是把卡耐基的那些只言片语当成人生经典。

而我们所说的成功，首先就必须是做人的成功。法国小说家巴尔扎克说过：“一个人上床的时候能够对自己说：我没有对别人的作品下断语，没有叫谁相信，没有把自己的聪明才智当作刀子一般在清白无辜的人心中乱搅；没有说什么刻薄话破坏别人的幸福，便是对痴呆混沌的人也不干扰他的快乐，没有向真有才气的人无理取闹；不屑用俏皮话去博取轻易的成功；总之从来不曾违背我的信念……能够对自己这么说不是极大的安慰吗?”

这就是说，人生在世首先应该修养好自己，使自己成为一个大写的“人”。否则，一切成功都不值得夸耀。

幸福是什么：幸福是由幸福的心智模式而感应到的。没有成熟的心智模式，就难以感受到无所不在的人生幸福。而具备了成熟的心智模式，就是具备了杰出的人生素质。换言之，平庸者只有平庸的人生，杰出者才有杰出的人生。

二、杰出不过是幸福的副产品

要获得幸福，首先就要具备体悟幸福的心智。如果我们将幸福的心智修炼出来，那么我们就具备了杰出素质的基础。从这个意义上说，杰出也不过是幸福的副产品而已。

一度以来，全世界都知道了乔布斯和他的苹果品牌。乔布斯被认为是计算机业界与娱乐业界的标志性人物，同时人们也把他视作麦金塔计算机、iPod、iTunes、iPad、iPhone 等知名数字产品的缔造者，这些风靡全球亿万人的电子产品，深刻地改变了现代通讯、娱乐乃至生活的方式。

可以说，乔布斯是改变世界的天才，他凭敏锐的触觉和过人的智慧，勇于变革，不断创新，引领全球资讯科技和电子产品的潮流，把电脑和电子产品不断变得简约化、平民化，让曾经是昂贵稀罕的电子产品变为现代人生活的一部分。

美国总统奥巴马说：“乔布斯是美国最伟大的创新领袖之一，他的卓越天赋也让他成为了这个能够改变世界的人。”

微软公司创始人比尔·盖茨评论说：“很少有人对世界产生像乔布斯那样的影响，这种影响将是长期的。”

微软公司联合创始人保罗·艾伦评论说：“他（乔布斯）懂得如何创造出令人惊叹的伟大产品。”

北京大学中文系教授、著名的文化学者张颐武则评论说：“他（乔布斯）不一定是技术发明的伟人，但他肯定是洞悉人性的伟人。”

那么，如此杰出的乔布斯又是如何炼成的呢？

19 岁的乔布斯去印度进行了一次精神之旅。乔布斯对东方精神、印度教、佛教禅宗以及探寻个人启蒙的浓厚兴趣，并不是一个 19 岁青年的心血来潮。纵观他的一生，他追随并遵循着许多东方宗教的基本戒律，比如对“般若”的强调——通过精神的集中而直观体验到的智慧和认知。多年之后，乔布斯坐在自己位于帕洛奥图的花园中，回想起了印度之旅对他的深远影响：

我回到美国之后感受到的文化冲击，比我在印度时感受到的还要强烈。印度乡间的人与我们不同，我们运用思维，而他们运用直觉，他们的直觉比世界上其他地方的人要发达得多。直觉是非常强大的，在我看来比思维更加强大。直觉对我的工作有很大的影响。

西方的理性思维并不是人类先天就具有的，而是通过学习获得的，它是西方文明的一项伟大成就。而在印度的村子里，人们从未学习过理性思维。他们学习的是其他东西，在某些方面与理性思维同样有价值，那就是直观和经验智慧的力量。

心智对了，世界就对了

在印度的村庄待了7个月后再回到美国，我看到了西方世界的疯狂以及理性思维的局限。如果你坐下来静静观察，你会发现自己的心灵有多焦躁。如果你想平静下来，那情况只会更糟，但是时间久了之后总会平静下来，心里就会有空间让你聆听更加微妙的东西——这时候你的直觉就开始发展，你看事情会更加透彻，也更能感受到现实的环境。你的心灵逐渐平静下来，你的世界会极大地延伸。你能看到之前看不到的东西。这是一种修行，你必须不断练习。

禅对我的生活一直有很深的影响。我曾经想过要去日本，到永平寺修行，但我的精神导师要我留在这儿。他说那里有的东西这里都有，他说得没错。我从禅中学到的真理就是，如果你愿意跋山涉水去见一个导师的话，往往你的身边就会出现一位。

果然，乔布斯在家附近就找到了一位导师。《禅者的初心》一书的作者铃木俊隆，他管理着旧金山禅宗中心，每周三晚上他会在那里开讲座，并和一小群追随者一起冥想。乔布斯成了忠实的追随者。他还独自去另一处禅宗中心修行。

我们认为，一名成功人士，需要有强大的心理定势及内心力量，乔布斯从禅宗的修行中获得了这种力量，这为眼下中国的那些渴望成功的年轻人，树立了非常好的榜样。禅修培养了乔布斯对事物的专注和对简洁的热爱，这就是他成功的秘诀之一吧。

除了乔布斯，还有一位日本的著名企业家也是同路人，他就是稻盛和夫。

稻盛和夫既是一位出色的企业家，也是一位哲学家，在他的经营理念指导下，创办了两家世界五百强企业京都陶瓷和日本第二电讯电话公司，赢得了日本“经营之神”的称号。著名学者季羡林评价：“据我七八十年来的观察，既是企业家又是哲学家，一身而二任的人，简直如凤毛麟角。有之自稻盛和夫先生始！”

稻盛和夫曾经说过：“什么是企业经营？对于我来说，经营就是日益提高自己的哲学理念。”他的经营理念概括为“京瓷哲学”，京瓷哲学的核心可以概括为这样的人生方程式：人生・工作结果＝思维方式×热情×能力。这个方程式可以做这样的解释：能力和热情用0分到100分表示，而思维方式则从负100分到正100分。

举个例子，如果某人能力90分，热情20分，那么该人分数是1800分；如果某人能力50分，热情90分，得分则是4500分，高出前面懒人一倍。这说明，自怨自艾，生活没有热情和动力，没有真诚人生理念的人，他们的思维方式是负值，尽管能力得分高，热情分数也不低，但是其人生和工作结果反而会更低。乐观向上，热情活泼，心地好、真诚、正直是好的思维方式。在稻盛和夫看来，思维方式对人生成就起着决定性作用。

稻盛和夫认为，人才对企业成败起着决定性的作用。与员工的能力相比，稻盛和夫更关注员工的道德水平和性格因素，他认为一个人只有心地善良和心胸宽广才能将员工团结在自己周围，从而带领企业做出卓越的成绩，在事业上获得成功。

“阿米巴式经营法”是稻盛和夫在京瓷公司实行的卓有成效管理机制。

稻盛和夫在他的书中写道：“我现在所搞的经营是‘以心为本’的经营。换句话说，我的经营就是围绕着怎样在企业内建立一种牢固的、相互信任的人与人之间的关系这样一个中心点进行的。”经营者只要以“爱”、“诚”和“和谐”之心为基础，用“关怀同情他人之心”与人进行心灵相交，就能打动他人之心，从而确立人与人之间无比坚固的信赖关系，相互信任的同仁共同干一番事业，无疑任何困难都是可以战胜的。

与其他企业家专注于经营管理实现个人最大价值不同，稻盛和夫不断根据自己成功的管理实践经验总结思想，并与他个人的信仰相联系，形成了稻盛哲学，用他的哲学智慧帮助更多企业家实现成功。事实上，稻盛和夫在 13 年前已经拥有了巨大财富，但是他捐献了自己的所有股份，穿上袈裟，皈依佛门开始布道。

从“佛道”到“人道”再到“商道”，稻盛和夫总结出了人生至臻境界，同时也把握到企业领导者事业成功的准则。稻盛和夫的企业经营思想可以归纳为：企业家的人格修炼是决定企业成败得失的最关键因素。在经营 KDDI 公司（一家在日本市场经营时间较长的电信运营商）的过程中，稻盛和夫一直贯彻着“以心为本”的经营哲学。稻盛和夫领导的京瓷公司一直奉行的经营理念是：“在追求全体员工物心两方面幸福的同时，为人类社会发展做出贡献。”

本来，稻盛和夫并没有杰出的能力。正因为如此，他除了超常的热情和努力外，还需要比常人更优秀的“思维方式”，也就是优秀的哲学、卓越的思想、高尚的人生观、正确的判断标准。为此，稻盛和夫努力学习孔子、孟子、阳明哲学等中国古代典籍，同时钻研佛陀教诲的宗教精华，努力把这些圣贤们的哲学根植于自己心中。稻盛和夫在生活和经营中，需要做出各种各样的判断。这个时候稻盛和夫会对照自己持有的“思维方式”和“思想”进行判断。作为判断基准的“思维方式”以及“思想”正确与否，卓越与否，结果将大相径庭。

越是生活在现代社会的知识分子，就越容易忽视自身所持的“思想”、“思维方式”的重要性。但是，创造现代文明的不是别的，正是人类的“思想”。人的“想法”、“思想”这种东西是如此的重要，可生活在现代社会的人们却总是轻视它，认为只有知识和技术才是重要的。这个问题无论在人生中，还是在事业经营中，都是现代人面临的一个重大课题。

幸福是什么：人们都希望得到幸福而不愿面对烦恼，但是，如果没了烦恼，我们也不一定能感受到幸福的味道。生活中，总有一些不尽如人意的事情，是无法逆转的，对于这些，我们明知摆脱不掉，倘若依然耿耿于怀，就会更加痛苦。让我们善待生命中的缺点，以宽容之心面对自己，以豁达之心面对生活。其实，微小的缺点也美，有了不完美才是真完美。

三、接受不完美就是完美

现实生活中，每个人都想要一个完美的人生。然而，自古至今，海内海外，百分之百完美的人生是没有的。这是一个非常平凡的真理——不完满才是人生。

大家知道，月亮是美丽的，但它绝大多数时间是不完满的，它总是在努力，一点一点填充残缺的部分，好不容易填满了、圆了，很快又一点一点失去，根本无法长期维持圆满的状态。正所谓“月有阴晴圆缺，人有悲欢离合，此事古难全”。我们的人生恰恰如同一弯缺月，从懂事起就一直梦想着圆圆的完满，希望每一时都快快乐乐，每一天都健健康康，每一事都顺顺利利，功课门门百分，交友个个真诚，爱情美满，事业成功……愿望都是好的，却往往难以达到。

身体总有生病的时候，生活总有苦恼的时候，做事总有不顺心的时候，成绩总有不佳的时候，交友总有不慎的时候，爱情总有失意的时候，事业总有受挫的时候，等等。于是，你埋怨命运的不公，常常唉声叹气，常常苦恼不已，甚至产生悲观、失望的不良情绪，觉得自己是不幸福的人。

英国作家狄更斯说："追求完美，便永远得不到安宁，永远得不到满足，忧虑和烦恼将永远萦绕在脑际，但不管这是多么离奇，它仍是一种不可抗拒的力量，一个人就是在这种力量的驱使下去制订人生计划的！"

其实，快乐幸福就躲在你背后，关键是你感觉不到它，因为你忘记了一个"平凡的真理"——不完满才是人生。

人生也不是一场拼字游戏比赛。不管你拼出多少单词，一旦出现了一个错误，你便前功尽弃。人生更像是一个棒球赛季，即使最好的球队比赛也会输掉三分之一，而最差的球队也有春风得意的日子。

人们历来推崇"一寸光阴一寸金"，拼命把人生的分分秒秒填满，生怕一天的"空白"会浪费宝贵时间，拖累了事业。这种人的人生像极了一个被塞满东西又被扎紧了口的袋子，又像极了一间四面都是墙却没有安装门窗的房子，尽管密实，找不到一点缺口，但毫无生机。不像窗外枝繁叶茂的大树，它再繁茂，枝叶间也留有空白，以便让风穿过。

俗话说："金无足赤，人无完人。"既然我们的人生注定是不会完满的，何不放宽心胸让人生适当留下一些空白，也给自己留下回转余地，在曲折人生路上潇洒自如！

酸甜苦辣的人生，从来不会一帆风顺，对人对己不必强求，留一点空白，细心体味这种空白之美，在这种空白里体味"宠辱不惊，看庭前花开花落；去留无意，望天上云卷云舒"

的智者人生。

人生留下的空白应该适度，空白太多就成了苍白，失去了生命意义的本真。这就需要我们不断去填充，在不可能完满的情况下尽量接近自己满意的程度。这叫人生的“加法”。

如果一个人一生中的空白留得太少，就会失去自由发展的空间，加重负累，会活得不快乐。这就需要我们不断去舍弃，舍弃一些多余的东西，这叫人生的“减法”。人生幸福的分值，正是不断加减的结果。

我们所说的追求人生的完整，就是正视人生的苦辣酸甜。人生的完整性，在于接受自己的缺陷，勇敢地丢弃不切实际的幻想，并且不觉得这样做是失败的；人生的完整性，在于知道自己足够强大，可以承受人生的苦难，可以在失去一个人时仍然觉得自己是完整的。

有一个寓言故事说，从前有个圆圈，它丢失了一小段。它想变得完整，于是它到处寻找它所丢失的那部分。由于不完整，它只能滚得非常慢。在路上，它羡慕过花儿，它与虫子聊过天，它享受了阳光的照耀。它遇到过很多不同的小段，可是没有一个适合它。所以它把它们丢在路边，继续寻找。有一天，圆圈找到了可以与它完美结合的一小段，它非常高兴。它现在终于完整了，不缺任何东西了。它把丢失的那段装到自己身上，然后滚了起来。它现在是个完整的圆圈了，它可以滚得很快，快到忽视了花儿，快到没有时间和虫子们说话。当它意识到由于自己滚得太快，世界变得如此的不同时，它便停了下来，把找到的那段卸下丢在路边，慢慢地滚走了。

这个故事告诉我们，从某种奇怪的意义上说，当我们缺少什么东西时，我们反而是更完整的。一个拥有一切的人在某些方面也是个穷人，他永远不会知道什么是渴望、什么是期待；他永远不知道用渴求更美好的东西来充实他的灵魂；他永远不会知道，一个爱他的人送给他一样他所梦寐以求的东西时，是怎样的一种感觉。

当我们接受了“不完整性”是人生的一部分时，当我们在人生之路上不断前进并且欣赏生命残缺之美时，我们就获得了别人只能渴望的完整的人生。我相信这就是上帝对我们的期望：不求“完美”，也不求“从来不犯错误”，而是追求人生的“完整”。

如果我们有足够的勇气去爱，足够的力量去原谅，足够的宽容，足够的智慧，能因别人的快乐而快乐，能发现我们身边充满着爱，我们就会得到其他生命所得不到的一种满足感。

幸福是什么：幸福是做活在当下的喜乐人，变成自发的祈祷。你品一美食如此有味，以致你的品成为祈祷；你赏一音乐如痴如醉，以致你的赏变成祈祷；你爱一个人如此深情，你的爱变成祈祷；你对工作如此投入，喜变成祈祷；你盼一愿望如此坚定，梦变成祈祷；你诗一交融如此铭心，诗变成祈祷。

四、活在当下就是不纠结

我们很难做到一心一用，大家在利害得失中穿梭，囿于浮华的宠辱，产生了“种种思量”和“千般妄想”。我们在生命的表层停留不前，这是我们生命中最大的障碍，我们因此迷失了自己，丧失了“平常心”，所以纠结不堪。

回顾过往，大家会有一个共同的感受，那就是幸福与美好总是那样短暂，而痛苦与纠结时刻围绕着我们。不过是因为我们有了习惯将刺痛扩大化的思维方式，并拘泥于其中不能自拔。事情本身并不会影响到我们，影响到我们的是看事情的角度，是我们自己的心境。

人们的一生中都会遇到各种各样的挑战，没有人会一点挑战都没有。否则，我们来到这个叫做地球的“特殊学校”里，意义何在？有的人可能会在健康方面遇到挑战，有的人会在两性关系、工作或金钱方面遇到挑战，每个人或多或少都会遇到一些问题。

虽然我们知道出现了问题，我们知道需要什么，但是不知道有什么障碍在阻碍自己。所以，请花点时间，想想你的障碍是什么？请对你的思维模式、遇到的问题和障碍稍做思考，是评论、恐惧、犯错的感觉和怨恨这四大问题吗？

经历往往反映了内心的思想，你可以通过观察自己的经历，判定你有什么样的思想和信念，请观察一下出现在你生活中的人，你会发现，他们就像镜子一样，反映了你的思想和信念。如果你在工作中总受指责，因为你是个喜欢指责的人，将来会成为喜欢指责孩子的父母。生活中所发生的一切，像镜子一样反映出我们是谁，当有什么不愉快发生时，我们可以深入心灵的深处，问自己："我们怎样制造了这样的经历，是什么样的思想让我们相信，自己应该遭遇这些事。"

从前别人怎样对待你、怎样教你已经不重要了。今天是新的开始，今天是你为自己的生活和世界创造未来的时候！我说什么并不重要，重要的是你要做什么。只有你才能改变自己的思维方式，改变自己的感觉和行为。我只想说，你能成功、你真的能成功，因为你身上蕴藏着至高的力量，只要你愿意，这种力量会帮助你摆脱旧的模式，获得自由。

过去的经历，往往还会让我们保留一些消极的思想，而忘记了接触内心的智慧。因此，我们需要清除这些消极的思想，用纯洁的灵魂真正爱自己，我们要给自己创造精彩、纯真的生活，感受存在的喜悦，就像一个婴儿的需要得到满足后的那种喜悦。

除了活在过去的阴影里，很多人是在为"未来的自己"而

活，总觉得自己未来会如何如何。多数人并不是百分之百地活在当下，而是把今天借给了明天。“等我二十岁以后”、“等到我大学毕业以后”、“等到结婚以后”、“等到我买房子以后”等等，就是这些人的口头禅。人人都很愿意牺牲当下，去换取未知的等待；牺牲今生今世的辛苦钱，去购买后世的安逸。许多人认为，必须等到某个时间或某件事完成之后，再采取行动。

一个人永远无法预料未来，所以，不要再等待有一天你“可以松口气”，或是“麻烦都过去了”，才去实现你的目标或理想。

生命中大部分的美好事物，都是短暂易逝的，享受它们、品尝它们，善待你周围的每一个人，别把时间浪费在“明天”。

曾经以为“幸福的感觉”就像存款，留着以后用会幸福感爆棚，于是很多事都习惯于等等再等等，以为那样就会很幸福，但事情总和想的不一样，人生的每个瞬间，只要错过了那一刻就会永远消失，世上再没有比“等”更坑人的了，“等我有钱了，出去旅游”、“等我有时间了再回家看看”、“等我事业有成了，就结婚”……但是凡事绝不会100%按自己的“计划”发展的！

东方文化常劝世人要“活在当下”。何谓“当下”？简单地说，“当下”指的就是：你现在正在做的事、你现在所在的地方、现在与你一起工作和生活的人。“活在当下”就是要你把关注的焦点集中在当下这些人、事、物上面，全心全意地认真地去悦纳、品味、投入和体验这一切。

犹太人中有这样一个传说：某位拉比（犹太教牧师）不慎从一摩天大楼的顶楼坠落，大楼里认识他的人从打开的窗户看到不断坠落的他时，都惊惶而关心地问："拉比，您还好吗?"不断往下坠落的拉比回答说："到现在还很好。"他继续往下掉，每个楼层看到的人都问他同样的问题，而他则继续回答："到现在还很好。"

一行禅师说得好，当我们提起正念喝茶的时候，我们就是在练习回归当下，以便活在此时此地。当我们的身心完全安住当下时，热气腾腾的茶杯便会清晰地显现在我们面前，我们知道，这是一种美妙的存在。这时我们便真正地与这杯茶沟通了。只有在这种情形下，生命才真正地显现。这正是：茶杯在手中，正念直提起，吾心与吾身，安住此时地。

或者说，活在当下就是专心地享受现在。

有一个信徒问佛祖释迦牟尼："您常常教我们活在当下，那究竟怎么做才算活在当下呢?"

佛祖说："吃饭就是吃饭，睡觉就是睡觉。如此而已。"

猛一看来，这么有智慧的佛祖怎么会说出这样的大白话呢？其实，越是简单的越是真理。细细想一想，佛祖的教诲，我们真的做到了吗？我们真的会吃饭、会睡觉吗?

有的人吃饭的时候还在看书看报，还在思考问题，还在讨论工作，全然淡化了饭菜的美味；有的家庭把吃饭的时间，当成了相互抱怨批判的时间，丈夫抱怨妻子，妻子抱怨丈夫，父母批判孩子，结果本来其乐融融一顿饭变成了批斗会，哪里还有天伦之乐可言?

有的人睡觉的时候还在想着白天发生的事，而且更多的是一些不愉快的事，想着想着咬牙切齿，乃至于泣不成声。这能叫做睡觉吗？简直是在受罪，自我蹂躏。

吃饭的时候，我们就要专注地享受饭菜的美味，抛开纷繁复杂的一切事务，感恩上天给了我们健康的身体和胃口，尽情地享受可口的饭菜。睡觉的时候，也要抛开一切的羁绊与烦恼，尽情地享受大床的舒适与安逸，让自己进入美丽的梦乡。

《笑林广记》中有这样一则故事。一鬼托生时，冥王判其做富人。鬼曰：“我不愿富。只求衣食不缺，无是无非，每日能烧清香，吃苦茶，安闲过日子足矣。”冥王曰：“要银子使，再给你几万也是有的，但这样的安闲清福，难给你享啊。”

故事中的鬼，可谓深谙幸福的要旨。幸福其实不是很简单吗，不就是你手边能握到的东西吗？

幸福是什么：每天闹钟响时我会烦躁，会拉棉被盖住头。可我要感谢上苍，因为我能听得到。世界上有好多人是耳背的。虽然我闭着眼睛，厌恶清晨那刺目的阳光，我还是要感谢上苍，因为我能看到。世界上有好多人是眼瞎的。感恩宇宙中的万事万物，让心智充满喜悦。

五、心智对了，一切都会对

佛家把我们这个世界称作有缺陷、不完美的世界。既然如此，我们每个人所面对的局面，都不可能都是要风得风、要雨得雨的状况。如何面对这一切，则需要人生境界与智慧。而境界与智慧，唯有从修养中来。

“认识你自己！”——这是铭刻在希腊圣城德尔斐神殿上的著名箴言，希腊和后来的哲学家喜欢引用它来规劝世人。每个人都是一个独一无二的，应该认识到自己独特的禀赋和价值，在浮躁而喧嚣的世界里找到自我，实现自我，成为真正的自己。

人应该有自知之明。有人问西方首个哲学家泰勒斯，什么是最困难之事，回答是：“认识你自己。”接着的问题：“什么是最容易之事？”回答是：“给别人提建议。”这位最早的哲人显然是在讽刺世人，世上有自知之明者寥寥无几，好为人师者比比皆是。苏格拉底对“认识你自己”这句箴言极力赞颂，看来苏格拉底领会了箴言的真谛，因为他认识自己的结果是知道自己一无所知，为此受到了德尔斐神谕的最高赞扬，被称作全希腊最智慧的人。

每个人身上都藏着世界的秘密，都可以通过认识自己来认识世界。在希腊哲学家中，好像只有晦涩哲人赫拉克利特接近了这个意思。他说："我探寻过我自己。"还说，他的哲学仅是"向自己学习"的产物。不说认识世界，至少就认识人性而言，每个人在自己身上的确都有着丰富的素材，可惜大多被浪费掉了。事实上，自古至今，一切伟大的人性认识者都是真诚的反省者，他们无情地把自己当作标本，藉之反而对人性有了深刻而同情的理解。

在一定意义上，可以把"认识你自己"理解为认识你最内在的自我，那个使你之所以成为你的核心和根源。认识了这个东西，你就心中有数了，知道怎样的生活才是合乎你的本性的，你究竟应该要什么和可以要什么了。

然而，最内在的自我必定也是最隐蔽的，怎样才能认识它呢？各种宗教有静修内观的功夫，儒家有"吾日三省吾身——为人谋而不忠乎？与朋友交而不信乎？传不习乎？"意思是从这些方面来省察自己，去除自己身上的缺点和毛病，巩固和加强自己身心的美质，努力修养自己成为君子和圣贤。其实，这些都是认识自己的方法和手段。

一直以来，大家在日益关注一种特殊的"现象"：在美国，为什么乔布斯热衷打坐禅修？在日本，为什么稻盛和夫一度剃度出家追求禅定境界？在中国，为什么马云在做决策之前常常闭关、禁语？为什么这些人对禅修如此痴迷，而禅修又是如何帮助这些人获得了财富的自在和心灵的自在呢？恐怕很多人都非常想了解。

曾经有智者对这一现象给予了这样的解释：“凡人的思维模式是知识和教育累积起来的，学的很多理论知识能帮我们开发智慧，但也有障碍。我们判断这个世界依靠对知识的记忆和解读，而靠过去的知识无法解读现在。在人的生命中有一种直觉智慧、潜意识思维。正如爱因斯坦所说：直觉的大脑是一件极其珍贵的礼物，理性的大脑是一个忠实的仆人，而我们创造的这个社会总是推崇仆人，却忘掉了礼物。”

心性与直觉是中国传统文化最重要的两大特色，讲究的是反观自心，在直觉中产生顿悟，而这也正是创造性的根本源泉。如何才能获得心性自觉呢？禅修能让人在宁静中涤荡世俗的浮躁，让人的直觉智慧得到激活，明心见性，进入灵性的境界。当今世界最流行的方法就是禅定，这也是东方文化对现代世界的伟大贡献。

正如乔布斯所理解的：“不要被教条所限，不要活在别人的观念里，不要让别人的意见左右自己内心的声音。最重要的是，勇敢地去追随自己的心灵和直觉，只有自己的心灵和直觉才知道你自己的真实想法，其他一切都是次要。”

“正能量”是现在大家用得很多的一个词。人是一种物质存在，当然也是一种能量存在，人的念头和意识是有能级之分的。

这一理论，得到美国著名心理学教授戴维·霍金斯博士的

证实：人的能级起伏跟一个人的心境直接相关。人在羞耻、内疚、理智、爱、喜悦等不同情况中，身体中粒子的振动率频有强弱不同的起伏。人的振动频率低于200时会削弱身体，而从200到1000的频率则使身体增强。霍金斯发现，诚实、同情和理解能增强一个人的意志力，改善身心健康。邪念会导致最低的频率而削弱自己。负面的念头能级很低，而正面的念头能级较高。一个人的能级由于外在条件而降到200以下，他（她）就开始丧失能量，变得更加脆弱，容易为环境所左右，能级250是一个人过上有意义，顺意生活的开端和分界线。因为这是一个人出现自信的能级。

这里有一个非常古老的例子。

苏格拉底还是单身汉的时候，和几个朋友一起住在一间只有七八平方米的小屋里。尽管生活非常不便，但是，他一天到晚总是乐呵呵的。有人问他：“那么多人挤在一起，连转个身都困难，有什么可乐的?”苏格拉底说：“朋友们在一块儿，随时都可以交换思想，交流感情，这难道不是很值得高兴的事吗?”

过了一段时间，朋友们一个个相继成家了，先后搬了出去。屋子里只剩下苏格拉底一个人，但是他每天仍然很快活。那人又问：“你一个人孤孤单单的，有什么好高兴的?”“我有很多书啊！一本书就是一个老师。和这么多老师在一起，时时刻刻都可以向它们请教，这怎能不令人高兴呢?”

几年后，苏格拉底也成了家，搬进了一座大楼里。这座大楼有七层，他的家在最底层。底层在这座楼里环境是最差的，上面老是往下面泼污水，丢死老鼠、破鞋子、臭袜子和杂七杂八的脏东西。那人见他还是一副自得其乐的样子，好奇地问：“你住这样的房间，也感到高兴吗？”“是呀！你不知道住一楼有多少妙处啊！比如，进门不用爬很高的楼梯；搬东西方便，不必花很大的劲；朋友来访容易，用不着一层楼一层楼地去叩门询问……特别让我满意的是，可以在空地上养一丛一丛的花，种一畦一畦的菜，这些乐趣呀，数之不尽啊！”苏格拉底情不自禁地说。

过了一年，苏格拉底把一层的房间让给了一位朋友，这位朋友家有一个偏瘫的老人，上下楼很不方便。他搬到了楼房的最高层——第七层，可是他每天仍是快快乐乐的。那人揶揄地问：“先生，住七层楼是不是也有许多好处呀？”苏格拉底说：“是啊，好处可真不少呢！仅举几例吧：每天上下楼，这是很好的锻炼机会，有利于身体健康；光线好，看书写文章不伤眼睛；没有人在头顶干扰，白天黑夜都非常安静。”

后来，那人遇到苏格拉底的学生柏拉图，问道：“你的老师总是那么快快乐乐，可我却感到，他每次所处的环境并不那么好呀。”柏拉图回答说：“决定一个人心情的，不是在于环境，而在于心境。”

所以说，心智对了，一切都会对。

幸福是什么：种瓜得瓜，种豆得豆，想收获什么，取决于当初播的什么种子。若想改变明年的收成，那先得改变今年的播种——现在的想法。

第五篇

拥有幸福心智，感受幸福人生

幸福是什么：幸福是在事件中找到真实的自己，真相就在自己的心中。幸福心智是绿水青山间的清新。

在英国伦敦威斯特敏特大教堂地下室墓碑中，有一块闻名遐迩的墓碑，其墓志铭震撼世界，影响着很多人，各国游客慕名而来。

这块墓碑没有墓主姓名生平，一块普通的花岗岩墓碑刻着下面的文字：

当我年轻的时候，我的想象力从没有受到过限制，我梦想改变这个世界。

当我成熟以后，我发现我不能改变这个世界，我将目光缩短了些，决定只改变我的国家。

当我进入暮年后，我发现我不能改变我的国家，我的最后愿望仅仅是改变一下我的家庭。但是，这也不可能。

当我躺在床上，行将就木时，我突然意识到，如果一开始，我仅仅去改变自己，然后作为一个榜样，我可能改变我的家庭，在家人的帮助下和鼓励下，我可能为国家做些事情。然后谁知道呢？我甚至可能改变这个世界。

据说，很多人看到这个墓志铭都深受触动，甚至世界政要和名人看到这块墓碑，都感慨不已。比如，当年轻的曼德拉看到这篇墓志铭后顿悟，声称找到改变南非甚至世界的“金钥匙”，他从改变自己、家人和亲朋好友着手，历经几十年，终于改变了国家。

是的，不论我们要过一个怎样的人生，不都应该从改造自己开始吗？把自己的心智改造为幸福的心智，我们的人生不就是幸福的人生吗？

一、从心智到幸福

决定我们一生幸福与否的关键，就在于你如何看自己、看他人、看这个世界。换句话说，你的心智模式是怎样的，你看到的世界就是怎样的。外面的世界没有别人，只有你自己。所以说，还是不要着急去改变世界，先来改变自己吧！

我们的心智模式是怎样形成的？

中国传统启蒙教材《三字经》开篇语：“人之初，性本善。”善良是生命里最原始的部分。我们每个人都是带着至真至纯的善心来到世上。换言之，我们的心智模式在人生之初，大致上是基本相同的。

随着我们逐渐长大，每个人都形成了一套独具特色的心智模式。而正是这个原因，使我们对幸福的感知各有不同，幸福指数各有千秋。《三字经》也指出了不同心智模式形成的原因，即“性相近，习相远”。也就是说，人先天具有纯真本性都是相近的，只是由于后天的生活、学习环境的差异和变化的影响，致使本性被遮蔽或者埋没，习性也随之产生巨大的差异。

如果用现代科学和心理学的观念来说，我们可以做如下阐述。

所谓心智，就是人们过滤信息、接受信息、处理信息和存储信息的方式和空间。

所谓心智模式，就是人们在逐渐长大的过程中，会形成一些关于我们自己、别人、组织及周围世界每个层面的假设、形象和故事，基于此，并形成习惯思维、定势思维。

所以，我们的大脑里装的并不一定是活生生的客观事实，而是一些假设，两个具有不同心智模式的人观察相同的事件，会有不同的描述，因为他们看到的重点不同。这就是我们常说的“认知就是事实”。简言之，我们的感官体验，和我们过去的经历，都可能参与构成我们自己的心智模式。

如果进行分析，我们的心智模式一般有3种来源：

一是自然世界，即我们对于外界的直接体验。比如，小时候被狗咬过的人，一辈子会怕狗。而从小家里养小狗宠物，和小狗有感情会对动物有天生的安全感的人，他们都觉得动物非常友善。

二是概念模式，即我们从别人那里获得的对于世界的间接体验。这就不难理解为什么不同文化背景的人，拥有完全不同的心智模式。一个人所受的教育和所处的社会关系不同，形成的心智模式也会不同。

三是自己的经历。一般而言，有相似经历的人，也容易有着相似的心智模式。比如：当兵回来的人，一般都性格刚直；同是经历过一个年代的人，沟通起来特别顺畅；生长于单亲家庭或者存在家庭暴力家庭的孩子，很多对于自己的婚姻没有信心。这都是因为他们的共同经历，让他们形成了类似的心智模式。

心智模式就像一个生命的巫师，你渴望什么，就会获得什么。美国作家彼得·圣吉在其著作《第五项修炼》中这样描述道："心智模式"是根深蒂固于心中，影响我们如何了解这个世界，以及如何采取行动的许多假设、成见，甚至图像、印象。我们通常不易察觉自己的心智模式，以及它对行为的影响。在今天这个变化多端的世界里，我们最大的危险不是外界的压力和竞争，而是我们内心的模式，这些模式决定我们看到些什么、感受到什么，如何思考以及最终成为怎么样的人。

从本质上看，心智模式是人们在大脑中构建起来的认知外部现实世界的"模型"，它会影响人们的观察、思考以及行动。

心智模式的作用机理主要有3种，即心智模式通过3种途径影响个体的观察、思考和行动，具体包括认知框架、思想路线和行动导向。

第一，认知框架。心智模式为人们提供了观察世界的认知框架，如同一个"滤镜"，会影响人们所"看见"的事物。具有不同心智模式的人在观察同一事物时，往往会有不同的感受或得出迥然不同的结论。2005年，联想集团拟并购IBMPC业务时，众说纷纭，不同的人选取了不同资料，得出各种各样的结论；即使对同一个资料，看法也不尽相同，真可谓"仁者见仁，智者见智”。这就是心智模式作用的体现。

第二，思想路线。认知心理学家瓦瑞拉认为，人的认识并不是一个简单被动地反映客观事实的过程，而是我们经验世界创造的主动过程。基于从外部世界获取的信息，我们对其进行解读，做出合理的假设、想象，并按照特定规则或逻辑进行推论，从而做出判断和决策。在这方面，每个人其实都有很多切实的感受。例如，在午夜，你走在空旷的街道上，脑海中会浮现出很多画面，包括潜在的危险等，会不由自主地加快脚步。

第三，行动导向。其实，心智模式不仅决定我们如何理解世界，而且决定我们如何采取行动。人们在成长和发展心智模式的过程中，会逐渐总结规律、发现模式，形成一些对世界的概括性的看法，即价值观和世界观，这会影响人们的判断和行为。

因此，人们需要定期检视自己的心智模式是否与环境相匹配，并在必要的时候改善自己的心智模式。

什么样的心智带来幸福感?

既然有什么样的心智就有什么样的感受，那么就应该首先来审视自己的心智模式。

你每天在给自己许下什么预言?

你脑子里面的世界是什么样子的?

那些比你更加幸福快乐的人，他们脑子里面又有着什么样的模式?

心智对了，世界就对了

日本“经营之神”松下幸之助回忆自己获得成功的原因时说：我获得成功，很大程度上是因为受到了上天的眷顾，他赐给我三个恩惠，让我受益无穷。

第一个恩惠，我家里很穷，穷到连饭都快吃不上了。托贫穷的福，我从小就尝到了擦皮鞋、卖报纸等辛苦劳动的滋味，并以此得到了宝贵的人生经验。第二个恩惠，从一出生，我的身体就非常孱弱，托孱弱的福，我得到了锻炼身体的机会，这使得我到老年也能保持健康的身体。最后一个恩惠，就是我文化水平低，因为我连小学都没毕业。托文化水平低的福，我向世上所有的人请教，从未怠慢过学习。穷困、孱弱和低学历的经历，被松下的心智模式构建成生命中受益无穷的恩惠。而这种恩惠也给他带来无穷的幸福体验。

一个人，不管你的过去怎么样，我们完全有能力调整我们的心智模式，立足于当下重新认识我们的过去，迎接更加丰盈的未来。

人生应该怎么样才能幸福？幸福的人生一定有幸福的心智模式作为依托，心智决定了观念和行为，行为形成习惯，习惯形成性格，性格决定命运。

你有好的命运，人生一定会幸福。所以一个人幸不幸福，根源还在他的心智模式，如果能够让一个心智模式处于积极的一面，你的人生就扎下了正确的根基。

有这样一位太太，多年来她不断抱怨对面的太太懒惰：“那个女人的衣服永远洗不干净，看，她晾在外面院子里的衣服，总是有斑点，我真不知道，她怎么连洗衣服都洗成那个样子。”

直到有一天，一位明察秋毫的朋友到她家，才发现原来不是对面的太太衣服没洗干净。这位细心的朋友拿了一块抹布，把她家窗户上的灰渍擦抹掉，然后对她说："看，这不就干净了吗？"

哦，原来，是自己家的窗户脏了。

到底是外面的世界脏了还是自己的窗户脏了，这是很重要的区分。"窗户"，其实象征着我们看世界的心智模式。心智改变，态度就变；态度改变，行动就变；行动改变，习惯就变；习惯改变，个性就变；个性改变，命运就变；命运改变，人生就变！

每个人都有一个心脏，两个心房，在这两个心房里面，分别住着两个小人叫"太好了"与"太糟了"，当你每次在做选择或决定的时候，这两个小人都会站出来一决高下，这就是我们的心智在发挥作用。

德国的哲学家费尔巴哈说过，人活着的第一要务就是要使自己幸福。我们觉得我们有很多的小目标，我们会被这个社会的大的舆论所引导，被一些潮流所裹挟。原本正确的心智会渐渐失了方向和平衡。但我们一定要清楚，一生中最重要的事情是让自己幸福。

所以，想要幸福先要锻炼心智。所谓锻炼心智，就是要学会摒弃一些阻碍心智成长的东西。

幸福是什么：幸福是保持快乐的情绪！幸福是清理无意识的障碍成为灵性的使者。你常常有很好的意愿（健康、财富、成就、蜕变、卓越……），但你也有多次今天下的决心明天忘个干净的经历。你需要的是清理阻碍我们达成渴望的潜藏模式。

二、跨越成长障碍

心智成长是一条少有人走的路，这是因为大多数的人不愿面对、有意回避这个棘手的难题，自欺欺人地认为自己没有问题。每一个人生问题，都有一个心智的解决方案。只有从心智成长入手解决人生所遇到的问题，才是根本的解决之道。

情绪与情绪管理

在当今复杂纷繁的世界中，人们的思想也随着时代的发展在不断的复杂化，越来越多的心理问题随之产生。

所谓情绪，是有客观事物引发的主观感受。最普遍、通俗的情绪有喜、怒、哀、惧，也有一些细腻微妙的情绪如嫉妒、惭愧、羞耻、自豪等。情绪常和心情、性格、脾气、目的等因素互相作用，也受到荷尔蒙和神经递质影响。更重要的是，情绪还能够影响我们的幸福感。所以，我们有必要学学情绪管理。

所谓情绪管理，就是运用正确的方式探索自己的情绪，然后将之进行调整，从而使得自己情绪改变的过程。通过培养情绪管理能力，驾驭自己的情绪，对我们的生活、工作、学习等等都有重要的积极意义。

第一，良好的情绪管理有利于面对、度过挫折。

想要健康成长，就必须锤炼自己的意志品质，不断增强自身的抗挫能力，以坚韧不拔的毅力来提高心理素质，笑对挫折。

研究表明，一个人的抗挫折能力是可以培养的，而培养的方式通常是情绪管理。

所谓抗挫折能力，是指个体在遭遇挫折情境时，能否经得起打击和压力，有无摆脱和排解困境而使自己避免心理与行为失常的一种耐受能力。但遇到挫折，遇到困难时，伤心和难过是不可避免的，甚至有时会走向自卑，导致极端事件的发生。

良好的情绪管理，可以通过自我暗示，自我调节，让挫折小化，使得自己更有信心和动力去解决困难，而不是走向黑暗的消极的一面。

第二，良好的情绪管理有利于身心健康。

《黄帝内经》中说，人有七情六欲，喜伤心，怒伤肝，忧伤肺，思伤脾，恐伤肾。又有《礼记》上说“心宽体胖”，意思就是心胸开阔、情绪畅快时，外貌就会安详，而且愈来愈健康。

一个人常常有负面或消极的情绪产生时，如愤怒、紧张，人体内分泌亦受影响，而形成生理上的疾病。比如说我们常常可以发现，在一个人情绪低落的时候，他通常会不吃不喝又或者是大吃大喝，最后给身体造成了负担。

研究发现，良好的情绪可以直接作用于脑垂体，保持内分泌的适度平衡，使全身各系统、器官的功能更加协调、健全，有利于身体健康。良好、愉快的情绪也有助于人更好地与他人相处，对学习、对工作、对生活更富有激情和创造力，更有力量去克服挫折与困难，增进心理健康。

第三，良好的情绪管理有利于潜能开发。

良好的情绪管理有利于创新能力的开发和发挥。有人对诺贝尔奖获得者的工作态度与方式进行了全面分析，发现在1901 年到 1972 年期间 286 位获奖者中，近 1/3 的人是因为与他人合作进行工作而获奖。相比之下，未获奖的科学家中，只有很少的人与别人进行积极的合作。在与他人的合作中，自身的情绪能够通过相互的沟通交流得到调解，相互分担困难，分享快乐，让自己的情绪得到调理，更好的激发了自己的潜能。

心理学家认为，一般情况下，愉快而稳定的情绪，有利于调节脑细胞的兴奋和血液循环，能使人的大脑处于最佳活动状态；思路开阔，灵活性增强，记忆和判断能力提高；智力活动效率提高，有利于创造性思维的发展。而在消极情绪状态下，则会使个体思路狭窄，判断力、理解力降低，甚至出现思维阻塞或思维中断。

第四，良好的情绪管理有利于健全人格。

健全人格的情绪控制性特征表现为：情绪理性化、冷静、脾气温和、有满足感、与别人相处愉快。研究表明，对情绪的有效调节和控制能使个体保持良好、积极、稳定的情绪，有助于人培养乐观向上、积极进取的人格。

观念与幸福观

事情本身并没有我们对事情的看法对我们影响大。我们的认知和观念起到了决定性的作用。通常，我们通过观察和比较，考虑此人此事对自己的利弊得失，然后再生起好恶之感，这是观念在影响心智。

观念是人们长期对事物习惯性的认可。同样的事物不同的人会有不同的想法并产生不同的结果。所以一个人的想法决定着他的处事方法。

当然，我们的思想观念与幸福感紧密相连。幸福感虽然是一种主观体验，是个体依据自己的预期对其生活质量所作的整体评价与感受，包括大多数人所谓的幸福、安宁、成就和生活满意度，但是“幸福观”则是个人对“何为美好人生”的体认与追求，包含了一整套与此有关的信念、价值、态度及行为意向。

可以说，不同的文化会塑造出个体不同的幸福观，而幸福观又直接影响到人们的幸福感。因此“幸福观”是组成幸福概念的一个重要方面，也是研究幸福感的重要内容。

的确，由于文化的差异，导致人们的幸福感也会有差异。

其实，中国人的幸福更多受人际间及人与环境的关系所影响；也更多强调精神的充实，精神的满足是幸福的重要内容；而且对中国人而言，幸与不幸是互为背景，彼此依存的。这与西方人的幸福感存在较大的差异，那么差异从何而来？文化是重要的原因。

中国人的幸福感与中国传统文化中关于幸福的观念是紧紧相连的。传统文化中，并没有对幸福下具体的定义，古人常以“乐”为幸福的表现。在中国文字中，“乐”一音多意，首先它有喜悦、高兴、乐观、幸福之意；其次，众所周知，“乐”字表达音乐旋律或乐曲，即和谐成调的声音；最后一层意思则不为常人所熟悉，“乐”字还表达与五音音乐相应的五体，可作医疗和药用。

中国文化具有多样性和多层次性，尤其是在对待幸福感——“乐”，各流派有不同观点：儒家谈“孔颜乐处”等理性之乐，但也有“父母俱在，兄弟无故”的感性之乐，这种感性之乐对中国普通老百姓的影响是巨大的，形成了中国民间幸福感的重要心理取向；传统文化中又有对欲望的节制的倡导，促就人们形成知足常乐的思想。

归纳起来，儒家的乐有两个特点：第一，“乐”分不同的层次。基本物质满足下的乐，是低层次的乐。在此层次，“乐”又分两个层面：最基本的是“不忧”，其次是“得福”，在世俗生活中得到基本的物质、情感，保证生活需求的基本满足；之后则有更进一步的性情之乐。第二，基本需求满足所达到的乐，并非乐的全部。儒家认为幸福不仅是当下的、客观的人生

状态，也是内在的、主观的、经验的心理感受。因此，儒家更为津津乐道和关注的是另一种乐，即理性的快乐。

《论语》以乐开篇，曰“学而时习之乐；有朋远来之乐；人不知而不愠”，便都是理性之乐。理性的快乐还可以化解那些因物质匮乏或困难处境而引起的实际忧患，孔子赞弟子颜回“一箪食，一瓢饮，在陋巷，回也不改其乐”，按现实物质的说法，这是一种忧患境界，因为衣食不足，但对颜回而言，它只是“贫”，贫不意味着忧，安贫便可乐道，乐道就能安贫。这种即忧即乐、化忧为乐的体悟，这种高扬理性之乐的原则，便是儒家所孜孜以求的“孔颜乐处”。孔颜乐处使儒家的忧升华为一种乐——理性之乐！所以，即使“乐”的基本物质条件没有得到满足，亦能常乐！这就是儒家之“乐”的另一个重要特点：幸福建立在外在客观事物的基础上，但即使没有这些外在的保障，乐亦可源于内心，只要养性就可以获得真乐。或者说外在的客观事物所带来的“乐”只是初级的幸福，它还可以发展为幸福的另一种形式，即境界之乐，一种非物质欲望满足式的幸福。

与儒家思想有所不同的道家，老子谈祸福相依，庄子说无忧之乡，从另一个角度帮助人们在世事艰难、人生困顿的境地中维持乐观放达的心态。因此，中国的主流文化表面上似乎并没有倡导人们追求现实的幸福与快乐，也从来没有一派思想把追求现实的幸福当作是人生的目标与动力，但由于对幸福（乐）及其追求的不同界定，从基本需要满足上的幸福及至最高精神需求满足所达到的幸福，中国文化为中国人通向幸福铺设了多条道路，加上个体本能的追求幸福的天性，共同造就了中国人在客观上形成了乐天知命的心态和性格，形成了中国人幸福感的独特体验。中国的多元文化从多角度为人们提供了安身立命的基础，也提供了幸福快乐的动力与源泉。

美国哲学家威廉·汤姆斯说：“如果改变一个人的观念，就可经改变一个人的命运。”那么，要改变包括我们的幸福感在内的命运，我们是否应该从改变我们的幸福观做起呢?

习惯与思维习惯

有一位教授曾做过一个实验：他将一只跳蚤放进一个容器里，容器的高度刚好为跳蚤能够达到的位置。为了防止跳蚤从容器里跳出，教授特地在上面放了一块玻璃隔着。第一天，跳蚤表现得十分活跃，它一次又一次地撞击着玻璃，大有不达目的不罢休之势。可是，它的力量实在太单薄了，无论怎么努力，始终无法冲破玻璃的阻隔。尽管如此，跳蚤还是没有放弃，每隔一段时间，它又会发起一阵猛烈的攻击。

过了几天，教授再去观察，发现跳蚤上跳的频率明显减少了，它没了先前的冲劲和锐气，变得有些懒惰和绝望了。又过了几天，教授再去观察，发现跳蚤几乎丧失了斗志，只是在容器底部跳来跳去……就这样，过了几个月，教授惊奇地发现跳蚤已不再作任何努力，它终日得过且过地呆在容器底部。随后，教授将容器上方的玻璃抽掉了，他满以为跳蚤会一下子蹦出来。但出乎意料的是，跳蚤丝毫没有这样的举动，它已经完全习惯了现在的生活。

紧接着，教授又将另一只跳蚤放进一个容器里，容器的高度略微超过跳蚤上跳的极限，上面没有再加盖子。经过一段时间的观察，教授发现，跳蚤每天都会习惯性地往上跳，虽然每次它都无法超越容器的高度，但它仍然乐此不疲，把这当作每天的必修课。半年后的一天，奇迹发生了，跳蚤逃离了容器，重新获得了自由。见此，教授不禁发出一声感叹："习惯的力量是多么的可怕呀！"

一个人从呱呱坠地到长大成人，身上总会养成这样或那样的习惯，有的习惯是好的，有的习惯是不好的。但无论是什么样的习惯，都具有强大的力量，都足以改变一个人的人生。只是一个好的习惯能够成就一个人，而一个坏的习惯则会毁掉一个人。

据说，一个人一天的行为中，大约有5%是属于非习惯性的，大约有95%属于习惯性的。同一个动作，如果重复三周，就会变成习惯性动作，如果重复三个月，就会形成稳定的习惯。而对于个人的不良习惯，我们往往浑然不觉，或习以为常，很难意识到其危害性。

其实，人的习惯可以分为行为习惯、语言习惯和思维习惯三个方面。改变习惯就是从这三个方面改起，建立习惯也是从这三个方面建起。这三个方面的根本是思维习惯，因为有什么样的思维习惯就有什么样的语言习惯和行为习惯。那么，改变不良习惯的根本就是改变不良的思维习惯，建立良好习惯的根本就是建立良好的思维习惯。

西方的一位心理学家把所有的人分成四种，第一种是忙碌型，第二种是享乐型，第三种是虚无型，第四种是幸福型。忙碌型的人以现在的忙碌和辛苦换得未来的快乐；享乐型的人享受目前生活的快乐；虚无型的人放弃未来和现在，没有希望；幸福型的人则既有现在的快乐，又有未来的幸福。

我们已经知道，幸福与否，并不能以拥有的财富多少、地位的高低来衡量。一般而言，幸福必然与欢声笑语为伴，痛苦必然与啜泣饮恨相连。下面这个故事，就很能说明问题。

有一个土财主，家藏万贯，富甲一方，却整天愁眉不展，而他的邻居，是一对靠卖豆腐为生的贫寒夫妻。每天晚上，这对贫寒夫妻家里总是欢声笑语，而那个财主家里却寂然无声。财主很纳闷，我都痛苦得要死，而这对穷鬼，怎么那么高兴呢！于是他想到一个法子，朝着邻里的院墙扔进去一块金子。从此，再也听不到邻居家里的欢声笑语了。

那么，是什么改变了这对贫寒夫妻的幸福感了呢？显然是因为一块金子。他们天上掉馅饼一般获得了一笔不义之财，因此而患得患失起来，原来的欢声笑语便不翼而飞了。这说明，患得患失，心存非分之想，与幸福无缘。

古人说过：“傲不可长，欲不可纵，知止而不辱。”信哉斯言！

幸福好比一个风筝，感受到它是有限度的，在一定的限度内，你能真切感受到，能看得见，摸得着，如果你的欲望无限地放大，幸福就如同断线的风筝，会消失得无影无踪。

有人提供了四个改变习惯，获得幸福的简单方法：

第一，想要获得幸福，首先要接受不幸福。哈佛每年大约有80%的学生都会受到抑郁的困扰。所以说，想要获得幸福，首先要接受不幸福。要接受自己作为人类个体的一个事实，人类个体不仅经受幸福，也会经受痛苦、哀伤、忧愁等各种不良情绪。沙哈尔指出，世界上只有精神病患者和死人不会经历忧伤、哀愁、嫉妒、失望、焦虑等不良情绪。允许自己去接受各种痛苦情绪，并能够坦诚地把它写下来，或者向家人、朋友、治疗师倾诉，这是非常好的一个方式。

第二，不要认为一切理所当然，对生活感恩才会让人感到更幸福。研究表明，写下每一天、每一周那些让你心存感激的事情，不管是大事或者小事，这样会让人感到更幸福，身体也会更加健康。沙哈尔认为，如果我们每天能够抽出一两分钟的时间来表达我们的感恩之心，我们就会感到更加幸福。

第三，偶尔假装认为自己很幸福。研究发现，人类不同的身体行为会产生不一样的能量，从而会对人体产生不同的影响。比如雄纠纠气昂昂的走路姿态和蔫头耷脑的走路姿态是完全不同的。有时只要做出一个动作，就可以提升这种动机水平，会让自己振奋起来。

第四，和亲朋好友多多相处，珍惜共同相处的时光。一定要珍惜和亲朋好友相处的时光，这与能够挣到多少钱，多么出名，多么成功没有丝毫关系。可以说，幸福感是衡量人生的唯一标准，是所有目标的最终目标。

我们的幸福感在很大程度上取决于你能不能掌控你的生活，而掌控生活都是自愿的，是体力的自愿，也是心理的自愿。在各种心灵鸡汤盛行的年代，改变影响幸福的思维习惯，找到适合自己的方式才能获得持久的幸福。

> **幸福是什么**：幸福是心中有阳光不惧寒风乍起。感恩宇宙给予的无穷能量！幸福是为别人为世界做的每一件事。

三、处理三重关系

人生在世，要面对各种各样的关系，说复杂也复杂，说简单也简单。其实，归纳起来，也不过是要解决三种关系，那就是自己与自己的关系、自己和别人的关系、自己和世界的关系。毫无疑问，如果这三种关系都能妥善处理好的话，那么你的一生就是幸福的，你和别人相处就是愉快的，你与世界之间的关系就是和谐的。

你与自己内心的关系

自己和自己之间，本来应该是一种很简单的关系，但由于每个人的人生价值观和世界观不同，每个人的个性和心态不同，结果就把关系搞复杂了。

其中最大的问题就是自己和自己过不去。所谓心态不好，心情不佳，心理复杂，就是因为未能正确认识自己，认同自己，尊重自己，珍惜自己和欣赏自己。其中的错位比较、盲目攀比、期望值过高是造成心理不平衡的主要原因。事实上，每个人都是独立的生命个体，人与人之间是没有绝对的可比性的。与其错位比较，盲目折腾，倒不如通过理性认识自己从而实现内心的稳定平衡。

要停止与自己对立，也就是停止对自己的不满和批判。不论自认为做了多少不合适的事，有多少不足，从现在起，都停止对自己的挑剔和责备，要学习站在自己这一边，维护自己生命的尊严和价值。

要停止苛求自己。允许自己犯错误，但在犯错后要：一是做出补偿，以弥补自己的错误造成的损失；二是不二过，也就是一个错误不犯两遍。不断地自责和懊恼有什么意义呢？事情已经发生，一味埋怨自己也不能改写历史。现在能做的只是让自己不二过了。

要停止否认或逃避自己的负性情绪。先要检视一下自己难以接受的自己的负性情绪有哪些：嫉妒、恐惧、紧张、生气、愤怒……如果产生了负性情绪，不要去否认或掩饰它，更不要责备自己，对自己生气。要先坦然地承认并且接纳自己的负性情绪，不论它是沮丧、愤怒、焦虑还是敌意。要首先接纳负性情绪，然后再想办法解决引起负性情绪的问题。

要无条件地接纳自己。由于绝大多数人从小就受到种种有条件的关注，或者严格的管束，致使很多人以为只有具备某种条件，如：漂亮的外表、优秀的学习成绩，过人的专长、出色的业绩等等，才获得被自己和他人接纳的资格。于是，很多人

因此背上了自卑的包袱。由于曾经被挑剔，也就逐渐习惯于用挑剔的目光看待自己，越看越觉得无法接受。其实，应该无条件地接纳自己，做自己的朋友，站在自己这一边，接受并且关心自己的身体和心理状况，不加任何附加条件地接纳自己的一切。

同时，还要妥善处理好内心思想与外在行为的关系，这也是个人修养与选择的问题。当私心杂念占据心灵，人往往身不由己，说违心的话，做违心的事，表面上得到了利益，内心却矛盾痛苦。解决之方，唯有消灭私心，学习诸葛亮的“淡泊以明志，宁静以致远”，听从内心的召唤，做本真的人，方能获得内心的平静，俯仰无愧于天地。

据《元史》记载，宋元之际，世道纷乱。一天，学者许衡外出，天气炎热，口渴难耐。正好路边有一棵梨树，行人纷纷上前采摘，而许衡丝毫不为所动。有人问他：“你为什么不去摘梨吃呢?”许衡说：“不是自家的梨，怎么可以乱摘呢?”那人笑他迂腐，许衡却说：“梨虽无主，我心有主。”

“我心有主”，既是一种不受外界因素干扰的定力，也反映了一个人良好的道德修养。所以说，处理自己与自己的关系，至关重要者就是努力做到“我心有主”。

你与别人的关系

其实，世上只有两个人，一个是自己，一个是别人。

人活一世，不管你情愿不情愿，免不了要熟悉好多人，接触好多人，并与他们发生这样那样的关系。这些关系，可以统称为自己与别人的关系。处理好这些关系，你才能活得滋润，活得幸福。

中国的传统文化强调“仁者爱人”，强调“忠恕”。所谓“仁者爱人”，就是“凡是人，皆须爱”，意思是对于任何人都应该有一份爱心，类似于西方宗教所谓的“博爱”，也类似于佛家所谓的“慈悲”。跟任何人相处，都应该把心放在中间，坚守正道，不偏不倚，这就是“忠”。将心比心，己所不欲，勿施于人，己欲立而立人，己欲达而达人，这就是“恕”。孔子之道，一以贯之，“忠恕”而已。有智者将儒家处世智慧概括为四句话：“把别人当成自己，把自己当成别人；把自己当成自己，把别人当成别人。”理解与尊重，关怀与独立，这就是处世智慧的高度概括。

具体说来，儒家关于人际关系的思想可以感慨如下。

一是“和”的思想。孔子说：“礼之用，和为贵。先王之道斯为美。小大由之，有所不行。”礼的应用，以和谐为贵。不论大小事情都一律遵循着这种礼来进行。可是如果只知道“和”的可贵，就一味地拿它做行事的准则，而不用礼来作适当的限制，就行不通了。

孟子则认为“人和”是事业兴衰成败的决定性因素，著名的“天时不如地利，地利不如人和”的论断就将“人和”摆在首位。例如“万事以和为贵”的古训表明无论大事小事都应遵循“和为贵”的原则。

儒家在坚持“和”的思想基础上，还认为个体应该保留个

性，即“和而不同”以及“和而不流”。人与人在相互交往的时候，在保持自己个性、坚持自己观点的前提下，应当尊重对方的个性，求同存异，和平共处，而不是没有原则地随波逐流和从众。

二是“礼”的思想。孔子认为个人在形式、内心活动和外在行为等各个方面都应该遵守“礼”的规范和约束，做到“非礼勿视，非礼勿听，非礼勿言，非礼勿动”，自觉努力地履行自己应尽的义务和职责。孔子说：“君君，臣臣，父父，子子。”意思是：君要尽君道，臣要尽臣道，父要尽父道，子要尽子道。每个人都应致力于履行自己的社会角色所对应的行为规范，尽自己的本分。如果越出自己的本分，那就要“出其位”了。而这里的“本分”就是要遵守自己的“礼”。

儒家还高度推崇人际交往中的礼让。孔子指出：“君子无所争。必也射乎！揖让而升，下而饮。其争也君子。”意思是君子没有什么可争的事情。如果有争的话，也必定是射箭比赛吧！即使这比赛也先是互相作揖致敬，然后登堂，比赛完后走下堂互相敬酒。这样的争，才算是君子之争啊！

三是中庸的思想。所谓中庸，即中正、公正、不偏不邪、无过无不及（过犹不及）。孟子则认为社会交往准则中的中庸思想主要包含以下几个方面：其一，坚持万物有度，即世间万物都须适度，过度则不成体统。度使万物有序，使万物各得其所，各安其位，使世界成其为世界。其二，人事之度，即要求我们自己立身行事要做到适度。其三，依理循序而行，依事物的自然规律而行。其四，在度中求变，即坚持适度在于知其度而不拘泥于度，明其理而不迂执于理，任何事情都有随情势变化而提出的相应要求，依理循序而行，也就是要求我们能够依据客观情势的变化采取相应的对策。

儒家文化的中庸思想主张凡事要坚持适度，过头和达不到都是事物的两端，都是失败的，在人际交往中亦是如此。今天有许多人推崇人际关系至上论，把大量的时间和精力都投入到建立人际关系上，甚至没有留一点时间给自己认真地读书学习、安心地工作，长期如此，不仅不利于人际关系的发展，也会使自己陷入倒退的地步。

在人际关系中，我们尤其要记住三句话：看人长处、帮人难处、记人好处。

所谓看人长处：人无完人，每个人都有缺点，如果你总是盯着别人的缺点不放，你们的关系肯定好不了，反之，学会换位思考，多看别人的优点，你就会发现，越看别人就越顺眼，就能与人处好关系，就懂得用人所长。一枝独秀不是春，百花齐放春满园。只有懂得与人友好相处的人，才能成事。懂得用人所长，你也就拥有了领袖的素质。

所谓帮人难处：在别人困难的时候，伸出你的援助之手，可能是举手之劳，也可能需要一定的付出，只要力所能及就好，锦上添花，不如雪中送炭。人在春风得意的时候你帮他，他不一定会记得你。在别人有难的时候你给予了帮助，人家会记你一辈子的好。在你有困难的时候，人家也会同样帮助你，你的路才会越走越宽。比如人生中常常遇到的一些事，生病住院、红白喜事、天灾人祸等等，你的帮助、你的一声问候、甚至是一条短信，都会犹如春风水暖，彻底拉近彼此间的心理距离。

所谓记人好处：要常怀感恩之心。要知道，每一个人从出生到死亡，每一点进步、每一滴收获，都离不开父母、家人、朋友的帮助。永远记得别人的好，才能每天拥有阳光，每天都有朋友相伴，终生都有幸福相随；相反，总是记得别人的不是，只会苦了自己。

你与世界的关系

在中国传统文化中，“天人合一”是一个基本的信念。季羡林先生对其解释为：天，就是世界、宇宙；人，就是人类。天人合一，就是互相理解，结成友谊。

西方人总是企图以高度发展的科学技术征服自然掠夺自然，而东方先哲却告诫我们，人类只是天地万物中的一个部分，人与自然是息息相通的一体。“天人合一”的思想无处不在，甚至在中国特有的茶文化中，由盖、碗、托三件套组成的茶盏就分别代表了天、人、地的和谐统一、缺一不可。

在天人合一的观点看来，人性即是天道，道德原则和自然规律是一致的。北宋著名理学家程颐说“道与性一也”，又说“道未始有天人之别”。他认为天道、人性、人道是同一的，其内容即是理，也就是仁义礼智等道德原则。

《周易》说：“大人者与天地合其德，与日月合其明，与四时合其序，与鬼神合吉凶，先天而天弗违，后天而奉天时。”

这里讲的就是“天人合一”的思想，这是人生的最高的理想境界。

中国人认为“天命”就表露在“人生”上。离开“人生”，也就无从来讲“天命”。离开“天命”，也就无从来讲“人生”。所以中国古人认为“人生”与“天命”最高贵最伟大处，便在能把他们两者和合为一。中国古人，认为一切人文演进都顺从天道来。违背了天命，即无人文可言。

那么，如何来做到天人合一呢？那就是放下自己与世界的对立。庄子有一篇《庖丁解牛》告诉我们，庖丁解牛之所以能游刃有余，是因为他在日常就对于刀的保养，当然也包括学习和熟练掌握牛的生理结构。其实，养生就像养刀。而养刀的要领，就是放下“刀”（即心）与外界对象的对立。养生的本质就是养心，而养心的要领就是放下心与外界人、事、物的对立。

南非总统曼德拉曾经为了争取黑人权利多次入狱。27 年的监狱时光，让曾经急脾气的曼德拉变得谦卑温和，也让他真正理解自由、宽恕的含义。“当我走出囚室迈向通往自由的大门时，我已经清楚，自己若不能把痛苦与怨恨留在身后，那么其实我仍在狱中。”他后来这样说。

是的，抗争容易，仇恨也不难，难得的是，在经历过压迫、不公、甚至伤害之后，却能够放下仇恨，宽恕别人。可见，放下与世界的对立，不仅是放下与别人的对立，同时也是放下与自己的对立。满怀各种各样执著心的人，他其实就是在跟自己过不去。

幸福是什么：幸福是参悟了“观自在菩萨”。除了透过五官所认知的外在，更需要时时觉察觉知内心的状态和反应。

四、时时觉察心智

你的意识就是“门卫”。它的主要功能就是防止你的潜意识接收到错误的信息。你就像一艘船上的领航员一样，必须发出正确的指令，否则你将面临沉船的悲剧。从现在起，给你的潜意识下达正确的指令吧！

有一个故事说，一位科学家早上起床没找到拖鞋，有点恼火。他去卫生间洗漱，这时候生气一直在“生长”，他刮胡子，不小心剃须刀掉地上了，捡起来不小心又掉了，他心情更糟。但他不能对剃须刀发脾气，他走出来卫生间，了解到小孩昨天的作业没有做完，于是他大发雷霆，打了小孩一巴掌。他老婆莫名其妙，于是他们吵了起来。科学家摔门而出，开车去办公室。但最后他没有到达办公室，因为路上出车祸了。

表面上看，整个事情的起因居然是因为早上没有找到拖鞋。实际上没找到拖鞋，如果当时观察到自己的情绪，就不会生气了，因为我们犯不上为一双拖鞋而生气；剃须刀掉了，如果能当时观察自己的情况，也不会生气了，因为我们犯不上为一把剃须刀生气；当然也犯不上因为小孩子没写完作业就打一巴掌。

我们应该看到，情绪像一条河流，一个小念头接着一个小念头，在持续往前走。每经过一件事，如果能观察到自己情绪的变化，及时处理，后面的事情都不会发生。而且发现的越早，自己越有能力处理。越晚发现，情绪会积累的越厉害。当小溪汇聚成大河，力量就势不可挡。

从本质上说，人类存在着一种想要从所有信息里，理解并整理出一个自己能够了解、也能积极参与的世界，然后再去说明、解释这个世界所有的现象。这样的本能、这种了解与洞彻，我们称为洞察，它是属于理性的、头脑的、思想的。例如，当身体感觉有一点疲倦，你就停下来开始“洞察”，寻找可能的原因，也许是三天前感冒还没有复原，也许是这几天的工作太累了，也许是昨夜没睡好，所以现在感觉有点累。

比如佛教的创始人释迦牟尼，他就是一个全然的洞察者，他很客观地观照这个世界。洞察本身就是一个观照，让自己从事件中完全跳开，对自己就是一个全然的观照，客观地看这个世界发生的所有事件，甚至包括发生在自己身上的事件。它是一种成熟的智慧，不带任何判断、分辨是非、“如其所是”地看这个世界，看所有发生的一切。

自己本身不存在，跳开来看是洞察最明显的一个特征。洞察可以让我们走向生命里最高的智慧。

我们并不是要离开这个世界去体会这个世界，而是要一面享受当下活在自己的生命里，另外也在所谓的“关系”里不停地察觉自己，对所有的结果、所有外缘的刺激，去探索在我这个生命里，我自己的反应模式到底是什么。

我们往往执著于一些错误的东西而不能自拔，这就需要觉察的力量。但是，作为普通人，其觉察往往是有选择的。当他内在执著于某一件事情时，他会拼命去钻那个牛角尖，他会搜集这个世界上所有有关的信息，然后从这些信息中挑出某些东西来证明自己内在的那个根源，那个想法是正确的。

春秋战国时，一个郑国人掉了一把斧头，他怀疑是邻居偷的，可是并不把怀疑说出来，然后他开始仔细观察邻居的行动。他看到邻居鬼鬼祟祟，看人的时候眼睛眨来眨去，无论怎么看，都像个小偷。就这样观察一个月，每天都觉得他的邻居就是一个小偷。直到有一天，他无意中在自己的柴房里发现了遗失的那把斧头，从第二天开始，再看到邻居时，怎么看他都不像是个小偷。这就是“疑人偷斧”的典故。

这个典故说明这样一个道理，觉察非常重要的一件事，重要的是觉察那些我们平常逃避的、不愿意看到的。当然在那种觉察的过程中可能会有许多痛苦，但是没有一朵美丽的花不是开在痛苦的深渊里，觉察需要极大的勇气，尤其是我们要去觉察平常所避开、不愿意承认及面对的。

有这样一个例子：

某女士早上去机场，发现钱包找不到了，身份证、银行卡、信用卡、现金都在里面，关键那个钱包还很有纪念意义，她心情顿时烦躁起来。不过她觉察到了自己的情绪，她想，既然钱包已经丢了，心情再不好就损失更大了啊，只是补办，麻烦一点而已，赶紧想办法解决吧！

她在机场办理临时身份证，办证的人有点拖拉，好不容易办完了，又说没有零钱找，她说零钱就算了。等她办好了之后去柜台办理登机牌时，却被告知来不及了，早 5 分钟还可以，现在已经关舱门了。她顿时无语！她身边有位男士也是如此，他在大声抱怨！她淡定地笑了笑，因为她已经观察到了自己的情绪了。

去南航售票柜台办理改签，小姑娘告诉她说只能改签到晚上 10 点多。当时是上午 10 点 40 分，还要她等 12 个小时。那位同样误点的男士快崩溃了，咆哮说为什么这么晚，为什么下午没有飞机，为什么晚了 5 分钟就要等 12 个小时！她淡定地笑了笑，因为她已经观察到了自己的情绪了！

她让同事帮她把票退了，重新订了厦航的航班。然后，打了几个电话处理了一下工作。她接到老公的微信说："姐早上带老妈去医院，医生说老妈的糖尿病比较严重，小医院治不了一定要去大医院治疗。"她回电话问了一下情况，然后说："你们下午去医院吧，实在不行就住院几天应该问题不大，我出差会尽快回来的，放心。"

处理完这些事情，她安静地坐在机场把这个过程记录下来，观察整个情绪的过程。

假如她一开始没有觉察到她的情绪，那么她今天上午是个多么糟糕的上午啊！钱包丢失、身份证、信用卡、银行卡都丢了，办证拖延让她耽误航班，母亲身体还不好……人会心浮气躁，会跟身边任何人发脾气，搞不好还会跟航空公司的人吵起来。但这样做除了伤害了自己，伤害了别人，对解决问题有任何作用吗?

庆幸的是她一开始就观察到了自己的情绪，每次情绪起来的时候，当下就能平复，有什么好烦躁的呢? 说不定她的钱包能找回来，说不定那个小伙子的招聘会很快有结果，说不定妈妈的病情很快能好转，说不定……

她现在能平静地坐在机场，看看窗外，又有一只不知名的鸟飞过……

情绪就是一条河，如果没有及时观察，这条河流会汇聚越来越多的小溪流，越来越大。河流平时很平静，但一旦爆发，力量无法控制。心智也是如此。

《道德经》中说："合抱之木，生于毫末；九层之台，起于垒土。"意思是说，合抱的大树，生长于细小的幼苗；九层的高台，筑起于每一堆泥土。这句话用来比喻做事要脚踏实地，一步一个脚印。我们搬不动九层之台，但我们可以很容易处理掉一小块垒土；我们折不断合抱之木，但我们可以很容易折断一棵小树苗。处理情绪与心智问题也是如此。

幸福是什么：屋子开灯才没有黑暗，心灵开灯才没有痛苦。幸福是心灵的邂逅。上帝创造了亚当和夏娃，欲望却搅浑了世界，用心灵的灯降服内心的欲望。

五、找回本我，接收幸福

毋庸讳言，今天的人们很多已经丢失了本真，他们在为一些自己所企盼的东西而汲汲皇皇，忧心忡忡或乐此不疲。其实，外在的一切都不能代表人之本性。唯有找回本性，才能体悟真正的人生幸福。

我们置身的这个五彩斑斓的世界，充满着太多诱惑。我们忙碌地奔走在日益繁华的街道，究竟是我们掌控了欲望，还是欲望控制了我们？这到底是不是真实的自己？

北京大学钱理群教授曾在一次学术研讨会上语出惊人：我们的大学正在培养一群高素质的利己主义者。他们高智商、世俗、圆滑，懂得表演，善于配合，知道如何从体制中实现自身利益的最大化。

其实，人来到世上，原本是单纯的生命。可是，人却活得越来越复杂了。许多时候，我们不是作为生命在活，而是作为欲望、野心、身份、称谓在活，不是为了生命在活，而是为了财富、权力、地位、名声在活。这些社会堆积物遮蔽了生命，我们把它们看得比生命更重要，为之耗费一生的精力，不去听也听不见生命本身的声音了。

人不只有一个肉身生命，更有一个超越于肉身的内在生命，它被恰当地称作“灵魂”。外在生命来自自然，内在生命应该有更高的来源，不妨称之为“本性”。二者的辩证关系是，只有外在生命状态单纯之时，内在生命才会向你开启，你活得越简单，你离本性就越近。

在一定意义上，人生觉悟就在于透过社会堆积物去发现自己的自然生命，又透过肉身生命去发现自己内在的生命，灵魂一旦敞亮，人的全部一生就有了明灯和方向。

庄子曾经说过：“吾生也有涯，而知也无涯。以有涯随无涯，殆已；已而为知者，殆而已矣！”意思是说，我们的世间生命是有限的，而世间知识却是无限的。要想用有限的世间生命去追求无限的世间知识，那就完了；而明知如此，却仍要去地追求知识的人，除了完了还能怎么样呢！也就是说，要想解决我们的终极幸福问题，光靠对于世间知识的追求是不够的，需要超越于此的知识。

释迦牟尼当年在菩提树下睹明星而悟道后，第一句话是：“奇哉，奇哉，一切众生皆具如来智慧德相，但以妄想执著不能证得。”意思是说，众生本来与觉者无二无别。觉者在世时，行、住、坐、卧和众生没有区别，只是他的内心没有妄想，没有执著，活得轻松、自在、快乐。众生由于妄想执著而迷失了本心，执妄为真，所以活得累。只有去掉了妄想、断掉了执著，本性才会自然显现。

心智对了，世界就对了

庄子讲过一个浑沌的故事：南海的帝王名叫倏，北海的帝王名叫忽，中央的帝王名叫浑沌。倏和忽在浑沌的地方相遇了，浑沌对待他们非常友好。倏和忽商量着报答浑沌的恩情，说："人都有七窍，用来看外界、听声音、吃食物、呼吸空气，唯独浑沌没有七窍，让我们试着给他凿出七窍来吧。"于是，倏和忽每天替浑沌凿开一窍，但是到了第七天，七窍都凿开了，浑沌却死了。

那么，是什么原因导致了浑沌的死亡呢？人的本性是自然和天真的，而后天的污染却通过七窍遮蔽和埋没了这个本性，人纯净的本性就会遭到破坏而死亡。既然如此，又如何才能找回我们本真天性呢？

儒家经典《大学》提供给我们的方法是："大学之道，在明明德。"意思是说，大学的宗旨，在于弘扬光明正大的品德。事实上，人人天生都有一个光明的德性，也就是我们常说的本性，因为后天不良习气的熏染，先天本性被埋没，找回来的过程就是"明明德"的过程。对此，《大学》给出的具体方法是"格物，致知，诚意，正心"。

所谓格物，就是将思想感情与人、事、物分开，把自己的思想感情放在一个格子里，而将外界的人、事、物放在另一个格子里。就是不带思想感情地看待人、事、物，即完全理性客观地看待人、事、物。这样形成的认知，才是真知，即所谓致知。在此基础上，去除自己的思想感情，使自己的意念真诚起来，这就是诚意。在诚意的基础上，端正自己的用心，完全以理性而仁爱的精神来起心动念，这就是正心。

《大学》中说：所谓修身在正其心者，是因为心有愤怒就不能够端正；心有恐惧就不能够端正；心有喜好就不能够端正；心有忧虑就不能够端正。心思不端正就像心不在自己身上一样：虽然在看，但却像没有看见一样；虽然在听，但却像没有听见一样；虽然在吃东西，但却一点也不知道是什么滋味。

《中庸》上说："喜、怒、哀、乐之未发，谓之中。发而皆中节，谓之和。"说明各种各样的感情因素，都可能影响到我们对外界人、事、物的正确态度，这些感情因素去除最好，不去除也应该恰到好处。

我们认为，人是自然之子，生命理应遵循自然之道。在今天的时代，让生命回归单纯，这不但是一种生活艺术，而且是一种精神修炼。耶稣说："除非你们改变，像小孩一样，你们决不能成为天国的子民。"那些在名利场上折腾的人，他们既然听不见自己生命的声音，就更听不见灵魂的声音了。

说到底，人活的就是一个价值观，不同的价值观造就不同的人生。

我自己觉得，我的价值观已经相当明晰而简单，围绕着两个词，即人最宝贵的两样东西，一是生命，二是灵魂。

老天给了每个人一条命，一颗心，把命照看好，把心安顿好，人生即是圆满。把命照看好，就是要保持生命的单纯，珍惜平凡生活。把心安顿好，就是要积累灵魂的财富，注重内在生活。

平凡生活体现了生命的自然品质，内在生活体现了生命的精神品质，把这两种生活过好，生命的整体品质就是好的。

其实，在心中的最深处一直藏着另一个自己，这个自己不骄不躁，不卑不亢，不为世俗的诱惑低头，只为心中的所爱坚持付出。为什么会这样？为什么想到这样的自己会有些期待，

但似乎又遥不可及？

古时候，能人异士多注重炼心，为了追求精神上独一无二的富足。这样的充实来的更丰富、更踏实。反观如今社会对于金钱、地位的崇拜，真的是内心所属？又或是被世俗遮住了双眼？

一切的浮华终将会是过往云烟，追求那份内心的本真才会让我们找到那份最真的快乐。找到内心的本真，我们就可以找到宁静。宁静让我们能更深的思考，思考自己、思考人生、思考未来；宁静可以让我们更专注的完成某项事情；同时也能让我们摆脱那份浮华的负担，与那个最真的自己交流。

据《论语·先进篇》第二十六章中记载，孔子曾经问弟子曾点对社会、政治和个人生活情志的看法，曾点回答说：“暮春者，春服既成，冠者五六人，童子六七人，浴乎沂，风乎舞雩，咏而归。”意思是说，暮春三月，已经穿上了春天的衣服，我和五六位成年人，六七个少年，去沂河里洗洗澡，在舞雩台上吹吹风，然后一路唱着歌走回来。孔子听后，表示赞同曾点的主张。

孔子为什么赞同曾点的这一番平常得不能再平常的人生志向呢？因为这一番景象里，反映出信仰真诚、教化风行、伦常和谐、人心淳朴的社会局面。古圣先贤和普通人孜孜以求的大同世界，不就是这样一番景象吗？

当然，只有心灵安定宁静者，才能享受这种高情雅致，这是超出世俗的幸福，不以物使，不为物役，天地何可不乐？

即使不能达到，完全可以心向往之！如此，我们的人生幸福就有更高的境界。